蓝鹦鹉格鲁比科普故事

机器人总动员

〔瑞士〕丹尼尔·弗里克 绘　〔瑞士〕亚特兰特·比利 著

王匡嵘 译

·北京·

内 容 提 要

本书是《蓝鹦鹉格鲁比科普故事》系列图书中的一本，是一本关于机器人、人工智能、数字技术及无人驾驶汽车主题的少儿科普读物。在好奇心的驱使下，格鲁比深入探究了世界最先进的机器人技术和各种智能设备。他向我们展示了许多新技术以及机器人的使用方式和适用范围，并介绍了它们的优缺点。同时在探索这些新技术、新设备的过程中，格鲁比也带我们经历了一系列令人捧腹大笑的趣事。全书集有趣的故事与科普知识于一体，具有新颖、有趣的特点，值得青少年朋友一读。

图书在版编目（CIP）数据

机器人总动员 / (瑞士) 亚特兰特・比利著 ; (瑞士) 丹尼尔・弗里克绘 ; 王匡嵘译. -- 北京 : 中国水利水电出版社, 2022.3 (2022.9 重印)
(蓝鹦鹉格鲁比科普故事)
ISBN 978-7-5226-0463-3

Ⅰ. ①机… Ⅱ. ①亚… ②丹… ③王… Ⅲ. ①机器人—少儿读物 Ⅳ. ①TP242-49

中国版本图书馆CIP数据核字(2022)第024600号

Globi und die Roboter
Illustrator: Daniel Frick /Author: Atlant Bieri

Globi Verlag, Imprint Orell Füssli Verlag,
www.globi.ch
© 2020, Orell Füssli AG, Zürich
All rights reserved.

北京市版权局著作权合同登记号：图字 01-2021-7214

书　名	蓝鹦鹉格鲁比科普故事——机器人总动员 LAN YINGWU GELUBI KEPU GUSHI —JIQIREN ZONG DONGYUAN
作　者	〔瑞士〕亚特兰特・比利　著　　王匡嵘　译
绘　者	〔瑞士〕丹尼尔・弗里克　绘
出版发行	中国水利水电出版社 （北京市海淀区玉渊潭南路1号D座　100038） 网址：www.waterpub.com.cn E-mail：sales@mwr.gov.cn 电话：（010）68545888（营销中心）
经　售	北京科水图书销售有限公司 电话：（010）68545874、63202643 全国各地新华书店和相关出版物销售网点
排　版	北京水利万物传媒有限公司
印　刷	天津图文方嘉印刷有限公司
规　格	180mm×260mm　16开本　7印张　111千字
版　次	2022年3月第1版　2022年9月第3次印刷
定　价	58.00元

凡购买我社图书，如有缺页、倒页、脱页的，本社发行部负责调换
版权所有・侵权必究

目录

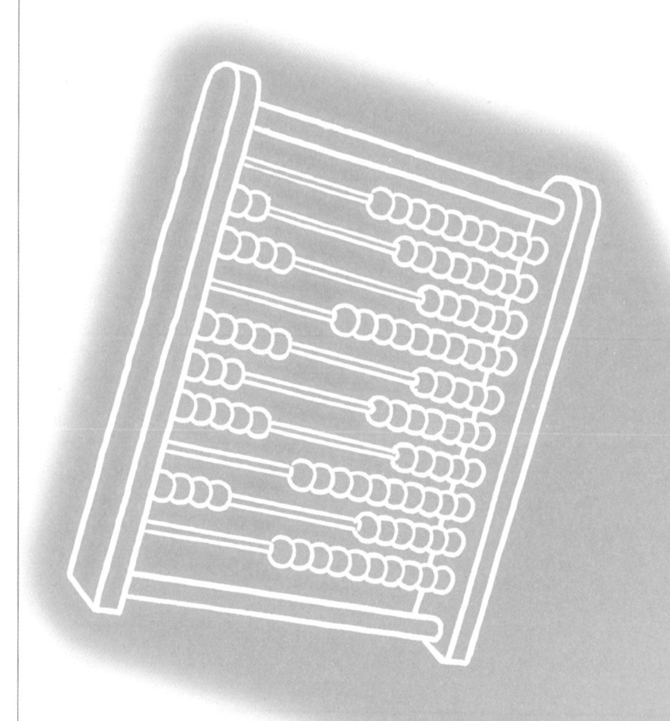

机器人博览会

阳光灿烂的一天，格鲁比又骑着自行车四处游逛。晚上，他在一家餐厅歇脚，点了一杯饮料。圆桌旁围坐着一些人，正紧张兮兮地说着什么，格鲁比全听懂了。一个光头邮递员说道：“你们今天看报纸了吗？机器人可能很快就要承包我们的送信任务了！那时我将会是个彻底多余的人。我靠什么挣钱？”一个穿着工作服的泥瓦匠答道：“我也听说了，机器人甚至可以造房子。瑞士也会研发这些机器人，到时候我们怎么办呢？”

第三个人是穿着西装、打着领带的银行柜员，他答道：“你们现在还不用担心啦。机器人现在还很笨。比方说，最近有一架送信的无人机，不知出了什么故障，一头栽进了苏黎世湖中。”邮递员哈哈大笑：“哈哈，我可从来没发生过这样的事！我从不出故障。”银行柜员说：“你看，人总比机器人靠谱得多。无人驾驶汽车也频频发生意外，你不能完全指望机器人。”“可在国际象棋中，机器人早就赢了人类。”泥瓦匠反驳道。银行柜员驳斥道：“可机器人还不能打赢纸牌呢！”随后这些人便在哄笑声中散去了。

格鲁比饶有兴味地听着他们的对话，陷入沉思：“唔，这机器人的事儿看来不是小事。我一定得弄弄清楚。”离开之际，他的目光落到了摆在门口的一份报纸上。标题赫然在目：**阿西莫将参加机器人博览会**。

“正好！我明天就去看看。”格鲁比一边暗自琢磨，一边踏上了回家的路。

格鲁比初识机器人

第二天，格鲁比前往博览会。只见巨大的舞台帷幕前，横拉着一条红色的绸带。一会儿，日本机器人“阿西莫”（ASIMO）要拿剪刀剪彩，博览会就正式开幕了。“这小铁皮人到底行不行呀？”格鲁比思忖着。这时舞台上的帷幕拉开了，阿西莫缓缓前行，它像人一样直立行走，只不过腿总在微微颤抖，看起来有点儿像是急着要上厕所一样。阿西莫还会说话。它说：“你好，我叫阿西莫。看这里，我会跳舞。”

阿西莫随着音乐节奏起舞。“看，我的节奏感多好！”它说道。接着它单腿蹦蹦跳跳。舞台旁站着一名女技术员，拿起一个足球朝它扔去。阿西莫踢了一脚，足球飞向天空，朝观众席上落去。格鲁比纵身一跃，接住了空中的足球。“接住了！”他叫道，不过机器人阿西莫并没有注意到足球。接着，机器人拿起一把剪刀，剪断了红绸带，并宣布道：“博览会现在正式开始！”在观众沸腾的掌声中，大幕缓缓拉上了。

格鲁比拿着足球，走到舞台后面。他在那里遇到了刚才台上的那名女技术员，她正用一块布擦拭着阿西莫的头。“噢！谢谢你来还球。我叫塔卡米，”她说，“你想让阿西莫踢球吗？”——“哇，好耶，太棒了！”格鲁比高兴地答道。他把足球放到地上，然后叫道：“喂，阿西莫，看好了！”接着，他对准机器人大腿的方向，一脚踢了过去。足球直接打在阿西莫的右腿上，可是阿西莫没有作出反应，反而踉踉跄跄地向前倒去，就像一棵被砍伐的大树，“砰”的一声倒在了地上。

什么是机器人学？

机器人学是一门与机器人设计、制造和应用相关的科学，致力于研发各种机器人，它也关心用哪些材料制造机器人，例如用金属、人造材料，甚至用木头。当然，机器人学同时还要考虑机器人要用哪种传感器和执行器。或许还要进一步研究，让机器人到水下或是到宇宙的真空环境中去作业。拟人机器人的重中之重是，必须用人造材料模仿人类的皮肤，也许机器人面部还要有表情。其中，编程发挥着至关重要的作用。这些复杂的任务，常常需要一整支机器人团队来完成。

塔卡米大惊失色地尖叫:“你究竟在干什么？！”格鲁比的蓝色脑袋窘迫地变红了。“哎，我以为，我可以和阿西莫踢足球呢……”他说。——“当然不是啦！阿西莫只掌握了简单的踢球动作，而且它只能在球刚刚好摆在脚旁的时候才能踢。”塔卡米在格鲁比的帮助下把重达 55 公斤的机器人重新扶了起来。接着，她摁下了启动按钮。机器人的声音随即响起:“你好，我叫阿西莫。看这里，我会跳舞。”

“还好，没有损坏。”塔卡米说。格鲁比有些诧异地看着。“这不就是他之前说过的话吗？”他问。“是呀，”塔卡米回答道，“阿西莫只能说我们用程序为它设计好的话。而且它也只能做那些编程好的事。”格鲁比诧异不已。“所以机器人也没什么了不起的嘛，”他这样想。塔卡米看着格鲁比迷惑的脸，建议道:“如果你想进一步了解机器人，就来日本找我吧！那里的机器人发展和编程工作已经很发达啦。我们的机器人做的都是最不可思议的事。”格鲁比听后欣然应允。这将是一场冒险之旅！

阿西莫和阿特拉斯

阿西莫是日本本田（Honda）公司在20世纪80年代发明的机器人。最新款则出自2014年，它就是所谓的“拟人”机器人。也就是说，它的身体构造和活动方式都模仿人类。阿西莫走路走得非常好。它的步伐到位、富有节奏，与人高度相似。它甚至可以上楼梯，或以9千米每小时的速度奔跑。

但与当代机器人相比，阿西莫有一个很大的缺陷：它的程序没有学习能力。这意味着，它不能记住新东西，也无法解决问题。阿西莫所能做的一切，都必须预先为它写入程序，它永远受计算机操控。所以，它就好比一辆远程驾驶的汽车。

现代机器人已经非常发达，例如，来自美国波士顿动力公司（Boston Dynamics）的拟人机器人阿特拉斯（Atlas）。阿特拉斯可以独立承担许多不同的任务，也不需要不停地告诉它应该做什么。例如，它可以整理包裹。如果某件包裹掉落，它能独自重新捡起来。它还能在崎岖不平的地面上，甚至森林中前进。如果摔倒了，他会重新站起来，再继续前行。借助底座，它甚至还可以翻跟头。

但像阿特拉斯这样的机器人还只存在于研发者的实验室中，目前尚无法购买。

什么是机器人？

机器人的起源

“机器人”的概念最初并非来自科技，而是来自文学作品。捷克画家、制图家、图像设计师约瑟夫·恰佩克（1887—1945）首先发明了这个词。它起源于捷克语“Robota”，大意是“强迫劳动”。这个概念广为人知，则是通过约瑟夫·恰佩克的弟弟——捷克作家卡雷尔·恰佩克（1890—1938）创作的戏剧作品《万能机器人》。在这部作品里，虚构的公司“罗素姆万能机器人”制造了许多被当作廉价劳动力的机器人。但是，机器人不满主人的压迫，开始造反，抵抗它们的主人并摧毁了整个人类世界。这一作品于 1921 年首次公演——也就是说，早在 100 年前，机器人就出现在文学作品中了！

起初，机器人指的是一种能够独立思考和行动的仿人机器。如今，基于当前的科学技术水平，机器人的定义已经宽泛了很多。目前只有少数机器人有和人相似的外形。尚未发明卡雷尔·恰佩克戏剧作品中描绘的那种具有独立意志的机器人。

根据独立性水平，机器人可区分为自动和非自动两类。自动机器人能够独立解决某些任务。相比之下，非自动机器人需要人为远程操控。

机器人的构成

电

所有机器人都以电力为能量源。一方面，它们的“大脑”——操作系统——需要电来驱动；另一方面，机器人需要利用电流来驱动内置在车轮或手臂中的电动机。有些机器人，例如自动驾驶汽车，则由内燃机驱动。

处理器、操作系统和内存

处理器是机器人的大脑。它由极其微小的、用以处理信息的微型电路构成。为了机器运转，每个处理器都需要一个操作系统，它类似于机器人的“思维方式”，为了避免遗忘已经处理好的信息，机器人还需要内存，用来保存收集到的信息，内存也储存各种程序。

程序

程序告诉机器人，它应该做什么。程序由一系列前后连贯的指令构成。例如，程序指示一架无人机飞行一段特定的距离，并且每 5 秒垂直俯拍一张图片。如果越过了特定的范围，无人机就会回到原点降落。任务越复杂，程序也越长、越复杂。多数时候，同一个机器人中有多个程序同时运行。因为它需要一个程序来“观看”，一个程序来“前进”，另外一个程序来执行任务。

执行器

执行器是诸如抓手、电焊机或锉刀一类的发动机或工具，由机器人程序操控。多亏执行器，机器人才可以进行前进、拿起金属块或者操纵方向盘等操作。

机器人罗比

信息学

信息学是关于信息存储和处理的科学。计数架或者算盘都是信息学的简单例子。为了用它们来进行计算，就必须遵从特定的规则。计数架的原理是：要想计算某个算式，人们就先把相应数量的珠子移到右边。要增加数量（做加法），就把更多的珠子向右挪动。要减少数量（做减法），就把珠子挪向左边。运用这些规则，可以解决一些简单的计算题，例如5+3或10−7等。

当今，信息学的最重要工具之一是编程语言。编程语言可以为计算机或机器人编写程序。就这样，人们可以教会机器人计算、观看、走路或者做其他事情。人们可以在大学院校学习信息学，毕业以后，则以计算机工程师为业。

传感器

机器人的全身遍布传感器，它依靠传感器感知自身状态（关节角度、力量、电流）和周遭环境。同属传感器的还有关节角度传感器（电位器）、摄像头、热传感器、距离传感器或压力传感器。传感器的信息会被传送给处理器。程序会在处理器中处理信息，从而能够理解并解读传感器的信息。最终，程序会向执行器发送指令，机器人由此可对自己所感知到的情况做出反馈。

建造机器人的其他条件

人

想要建造机器人并且编程，还需要人。也就是说，机器人无法修理、组装、复制自己，它们也无法优化自己。迄今为止，只有人类的智慧和创造力可以做到。

钱

机器人的发展和建造需要投入许多的时间和金钱。某些单个零件就需要花费数十万元。也就是说，优良的机器人只能在资金充足的条件下才能建造出来。

知识

建造机器人十分复杂。仅仅把一些齿轮安装在一起是远远不够的。想要制造机器人，必须要掌握诸如编程、电气工程学、机械学、物理学等理论知识，甚至还要掌握例如铣切、软焊接或热焊接等实践知识。所以，机器人公司里常有不同领域的专家共同合作。

机械臂的工作原理

机械臂是最常见、应用最广泛的机器人类型。它种类繁多，常用于组装汽车或其他机器。它可以做热焊接、举高物品、填充、测量等很多工作。

控制器

控制器是一台计算机，它告诉机器人应该做什么。控制器不断地接收来自各个传感器的信息，并对这些信息进行处理，最终向机械臂的发动机发送指令。

传感器

大多数机械臂都有传感器，它可以是一个摄像头。借助摄像头，机械臂可以确定自己在房间中的位置，或者检查自己是否被焊接在零件的正确位置上。

关节

和人一样，机械臂也有关节。所拥有的关节越多，它就越灵活。

发动机

在通常情况下，每一个关节都由它内部的电驱发动机提供动力。它的作用类似于人的肌肉，发动机动力越强，机械臂就越强壮。

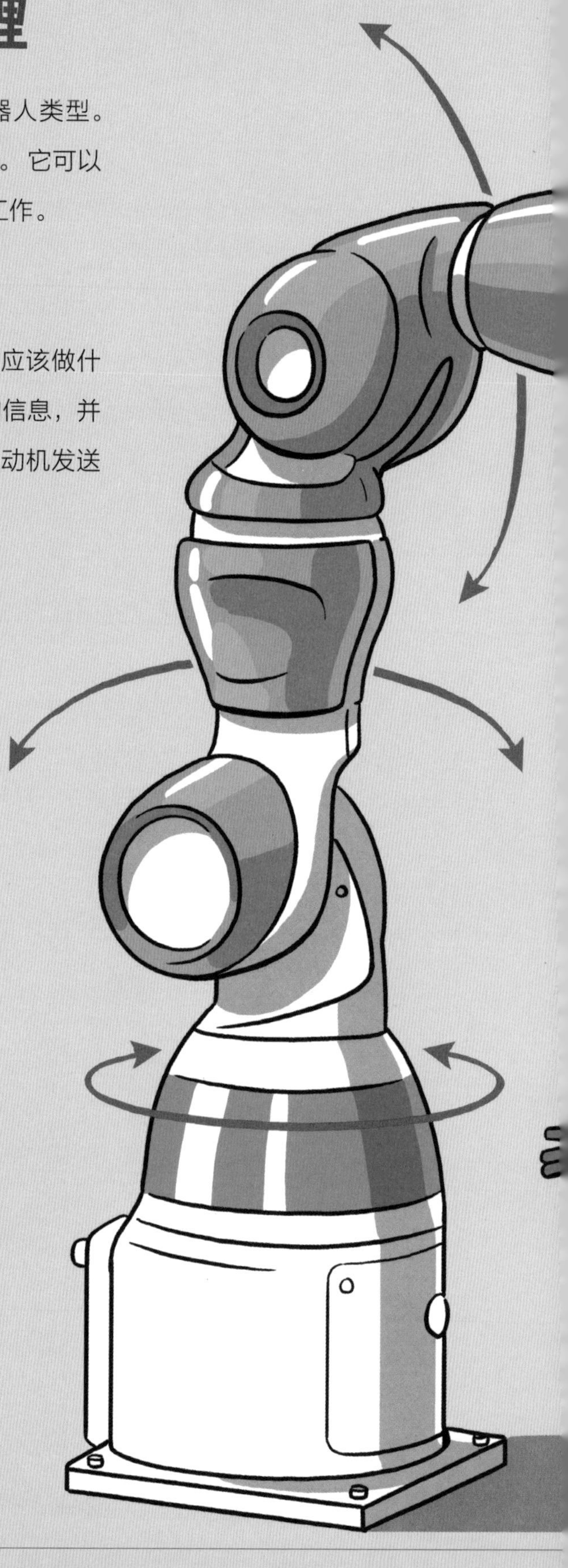

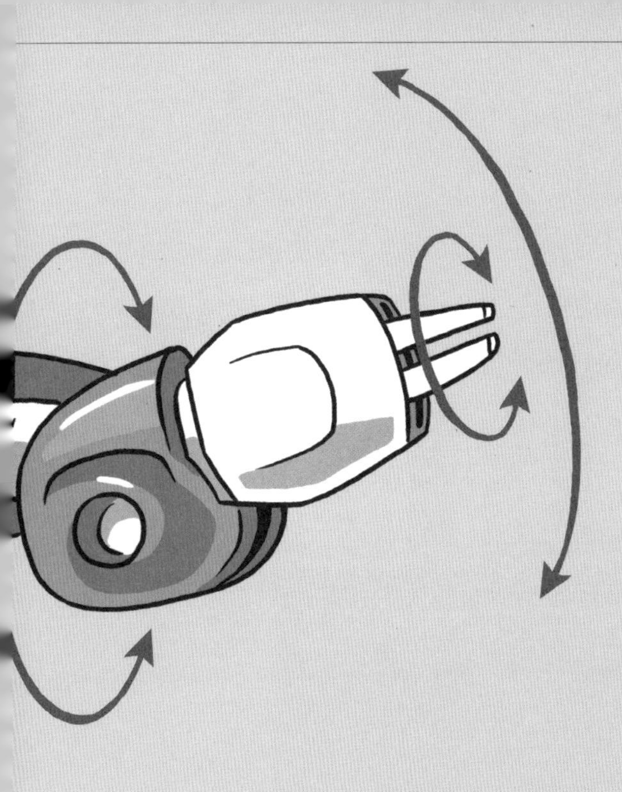

工具

这里说的工具指的是机械臂的手，这是机械臂最重要的部位。工具可以是一个抓手，可以用来打包工厂零件并将其送上传送带。

载重量

载重量告诉我们，机械臂可以承载多少东西。非协同机器人可以承载数吨重的物体。而协同机械臂的力量则小得多，只能举起几公斤的重量。

人工智能是什么?

“人工智能”这个概念在机器人技术中至关重要。可以说，它描述了机器人技术的目标：机器人应该智能化。只有当机器人能处理复杂的任务，例如横穿一条车水马龙的道路，或救出被雪崩掩埋的人时，我们才说它是智能的。

那么，智能到底意味着什么呢？答案并不简单，因为智能有许多层面。擅长算术的人是聪明的。阅读能力和解决问题的能力一样，都是智慧的标志，用现有知识解决新的未知难题，或独立学习新知识，都是智慧。但是，擦窗户也是一种智能行为。因为人们需要清洁剂、抹布和手部良好的控制力，才能最终将玻璃擦得锃光瓦亮。

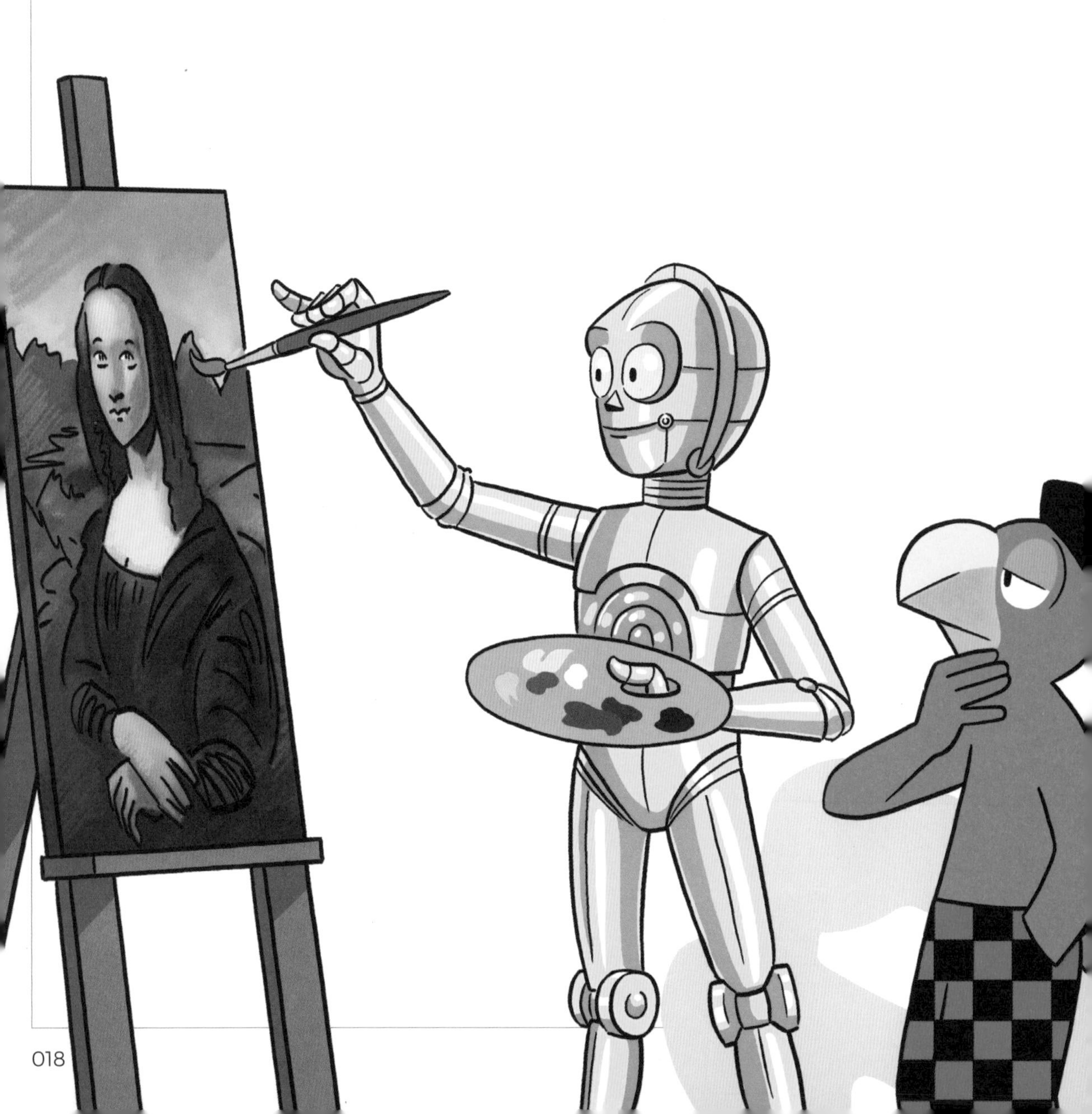

如果一台机器恰好掌握了这些技能，即如果它们能做一些主要由人来做的事，就是人工智能。

计算机和机器人已经“学习”了许多在 100 年前专属于人的技能。在某些技能方面，它们有时甚至做得比人类更好。最出名的例子就是计算。如今，计算机可以比任何人都更快速地进行数千次加减乘除的计算。同样，计算机在象棋或某些游戏方面也比人类玩得更好。

计算机科学家试图教会机器人学习。机器人一旦学会了学习，就可以不借助人类，独立为自己的程序添加新知识。这样一来，它们便可以一直不断地适应新环境，而无须人类在每一次环境改变时重新编写新程序。

一些智能计算机已经非常善于学习。围棋机器人“阿尔法元”(AlphaZero) 在国际象棋和中国围棋比赛中，通过不断地和自己对弈，只用几小时就获得了冠军。而初始状态仅仅是编程了游戏规则而已。

“阿尔法元”在每一轮游戏中都能优化自己，最终，它甚至比其他的象棋或围棋机器人更优秀，也超越了人类象棋或围棋大师。

人工智能研发中最大的挑战是创造性的缺乏，也就是说，缺乏创造新事物的能力。有些机器人虽然已经能演奏音乐或画画，可是有朝一日，机器人也能够创造出像达·芬奇的《蒙娜丽莎》，或莫扎特的《魔笛》那样的传世作品吗？

机器人道德又将何去何从？我们能够为机器人设计善的或恶的程序吗？关于善恶，人类自己甚至都常常无法界定。终极的严峻问题在于——这首先是科幻小说家长期以来探讨的问题：机器人是否能够一直发展下去，有朝一日也会有情感？

生活中的数字化、机器人技术和人工智能

闹钟叫醒服务

七点钟，闹钟响了。格鲁比睡眼惺忪地睁开眼睛，竟然已经七点了吗？

毫无疑问，是的。因为闹钟是联网的，始终都在精确地显示着每秒的时间。这个时间是由一个时间服务器传送给闹钟的。时间服务器实际上也是一台计算机，仅用于将时间传输到其他计算机或者服务器。它本身从原子钟那里获取时间。

手机天气预报

格鲁比今天穿什么呢？外面是晴天还是雨天？格鲁比拿起手机，打开了天气预报软件。啊，“多云转晴，15℃”。这则天气预报看似简单，却需要一个异常复杂的计算过程。为了能够提前预测几天的天气状况，一台超级计算机需要进行 40 多亿次的计算，多得超乎想象。计算机程序处理了数以千计的测量数据，涉及气压、气温、地表湿度等其他信息。而且它不只处理一个国家的数据，还有全世界的。

商品条形码

今天，格鲁比的早饭是牛奶麦片。购物时，收银台会扫描商品条形码来结账。条形码包含了产品的名称及相关信息。收银台的计算机和一个包含了产品数据的数据库相连。数据库向计算机发送诸如该商品的价格或折扣价等数据。这样一来，购物小票就会打印上正确的价格了。

电子地图——查询最快捷的路径

格鲁比要去一个叫阿劳的城市，一位朋友开车带他过去。格鲁比用手机打开电子地图查到了到达这个城市的最便捷的路径。电子地图也与一个服务器相连，这个服务器中储存了数以千计的手机用户的数据。每一位用户都是一个数据点，格鲁比也是。地图软件通过 GPS 获取格鲁比的精确位置，以及格鲁比朋友的车速，并且显示了交通工具的行驶数据。这样就可以计算出到达目的地的最快路径了。

云端照片

在阿劳，格鲁比用手机拍了一张照片。图片数据并没有储存在手机里，而是马上通过网络上传到数千公里以外的在美国的服务器中，存进格鲁比个人的存储空间里。这个存储空间被称作“Cloud”，就是“云”的意思。每个人都可以购买云端服务器的存储空间。在一定的储存范围内，空间甚至是免费的。在云空间里储存的图片受私人密码保护。也就是说，只有知道密码的人才能看到照片。但有时候，密码也会被破解，这样一来，陌生人就会看到我们的照片，甚至在网络上传播了。

环游世界的电子邮件

格鲁比给两位朋友发送了电子邮件，他们都住在瑞士，但邮箱不同。一位朋友是在美国公司注册的，邮件服务器在荷兰；另一位朋友是在德国公司注册的，邮件服务器在美国。格鲁比的邮件从瑞士出发，送往它在德国的邮件服务器中。服务器继续会把邮件发往格鲁比在美国和荷兰的朋友。只要两位朋友在计算机或手机上打开电子邮箱，服务器就会分别将这个信息传输回瑞士。格鲁比的电子邮件就这样环游了世界。

自动售货机

今天天气好热！格鲁比口渴了，于是在自动售货机上买了一瓶水。自动售货机内部安装了机械臂。只要在键盘上输入想要的产品号码，自动售货机的服务器就会准确地通知机械臂，它应该向哪里移动，才能把相应的产品抓上并递出来。

自动浇水的花园

尽管夏日炎炎，格鲁比却无须操心他花园里的植物。因为他已经提前买了自动洒水装置。有一个和花洒相连的传感器始终惦记着土壤的湿度。一旦湿度低于某个特定数值，计算机就会打开水龙头阀门，自动为植物浇水。

一败涂地的棋局

坐火车回来的路上，格鲁比在手机上玩象棋。象棋软件装有人工智能，越玩越聪明。格鲁比一败涂地。不过他很快降低了几档难度等级——这样他就有赢的机会了！

应用软件

App是英语单词“Application”的缩写，字面意思是“应用程序”，指的是一个可以用来处理某些任务和事情的软件。比如有天气预报App和徒步路线网App等，人们可以用这些App来查看天气，规划徒步旅行。App数量不计其数，功能有无限可能。

当前最受欢迎的莫过于社交媒体App，例如微信、抖音、脸书（Facebook）、推特（Twitter）等，或一些聊天软件。其次受欢迎的是游戏软件，还有创意软件，人们可以用它们来剪辑电影或修图。

手机成瘾

智能手机已经成为社交、工作和消遣娱乐的万能工具。如今，就连很小的孩子都常玩手机。在瑞士，6 ~ 7 岁的儿童中，有 5% 的人拥有手机。六年级以上学生有 97% 拥有手机。使用手机可能成瘾，因为手机里有不计其数的软件可供游戏、查找信息、观看电影和短视频、上网、与朋友聊天、在社交媒体上浏览，等等。这些应用软件有意这样设计，以至于我们总会被它们分散注意力。尽管有人从不在社交媒体上发布动态，可是总会收到其他人更新动态的通知。

这一切都将人与手机绑定在一起。人们常常忙于通过电子设备交流，非常依赖手机。一旦在学校或工作场合使用手机，甚至可能产生非常严重的影响。例如，当人们必须集中精力解决某个问题时，却不断收到新消息，注意力就被不断分散。研究者发现，手机只是单纯地放在那里，就会导致工作时注意力下降，因为大脑总是时不时地惦记手机，并且自问，是不是刚好有人发了消息或更新了动态。

手机成瘾的其他负面影响还包括睡眠障碍、抑郁、孤独感、不安感、暴躁，甚至会削弱幸福感。孩子的活动量也会因此减少，因为他们只是懒散地坐着，呆滞地盯着手机设备。

云服务器

越来越多的信息存储在所谓的“云”服务器中。云端存储从私人照片到医院疾病数据无所不包。四面八方的数据总能让人唾手可得，尽管很方便，但也有安全风险。服务器无非就是计算机，而计算机则可能被黑客攻破。也就是说，陌生人也可能拿到数据。最糟糕的是会出现数据遗失或数据被盗的情况。换言之，数据落到了不法分子手中。

有时候，云端供应商本身也有问题。他们可能会在不事先通知客户的情况下，修改用户协议。这样一来，他们就可以分析个人信息并把分析结果兜售给其他公司。这些条款甚至会写进用户协议里中，只是用户很少会通读用户协议。就这样，人们实际上还是同意了出售自己的数据。免费服务器虽然不必付钱，却还是以个人数据为“代价”。谷歌、脸书和其他供应商有大量员工致力于开发如何将用户数据效用最大化，从而可以用于诸如广告之类的推广中。

云服务器的风险之一是断电。在世界各地都会发生电力网络中断，或至少在一座城市内发生断电的事情。如果云服务器遇上断电，那么所有储存在它里面的数据都无法被用户获取。服务器开发商知道这一点，所以为这类紧急情况准备了大电池和运行电池等紧急电力设备，这可以承载一段时间的临时供电任务。

如果数据消失或被删除，也可能是程序故障的问题。

遍布全球的数据中心

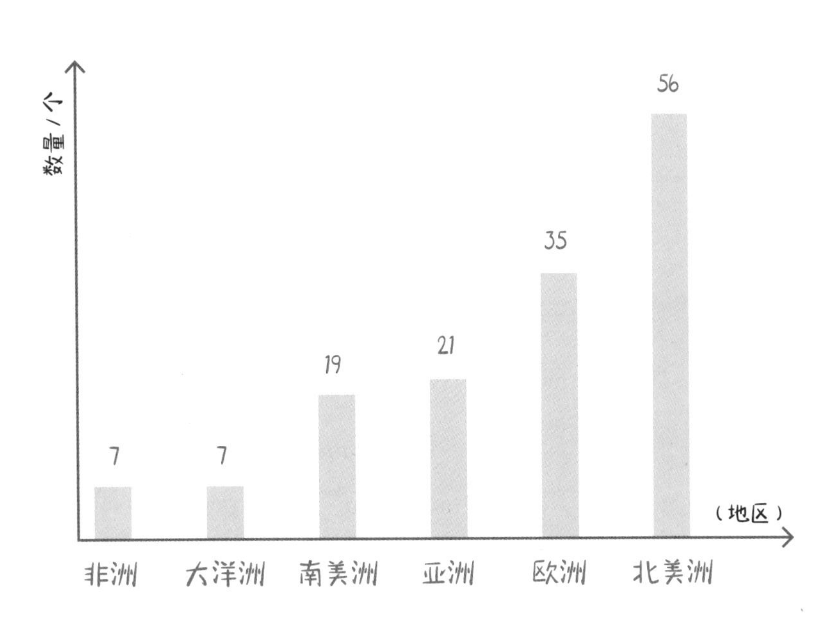

对数据（例如图片、文件、程序或各国网站）的存储空间的需求与日俱增。所以世界各地都建造了越来越多的数据中心。它们大多数都在北美洲或欧洲。

数字化世界的生活

格鲁比接受了塔卡米的邀请，到日本拜访她。这是一个以高科技出名的国度，这个国家将大量的资金和时间投入到新机器人、手机和其他科技电子设备的研发之中。塔卡米住在东京涩谷区的豪华公寓中。

格鲁比和塔卡米乘坐电梯上到 15 楼之前，还一起看了一下信箱，信箱就在每一个单元出口旁的独立空间中。

“哪个是你的信箱？”格鲁比想知道。“所有都是，”塔卡米笑着答道，“所有的都是我的，但所有的又都不是。”塔卡米走到墙边的电子屏幕边，掏出一枚挂在钥匙链上的芯片卡，伸向控制台。计算机发出一个声音说道：“五号信箱里有一个您的包裹。”接着，5 号信箱自动打开了，塔卡米拿出了她的包裹。

这套系统也太实用了，邮递员可以根据信件或者包裹大小选择与之相匹配的信箱。“太聪明了！”格鲁比赞叹道，“我瑞士的房子里只有一个很小的信箱。一旦包裹放不进去，就必须去邮局取了。”

二人走进电梯。这一次，除了要摁下电梯楼层，塔卡米还将芯片卡放到墙壁的芯片卡读取器边。“这个芯片卡是一种证明，里面存储了我的姓名、所住的楼层。也就是说，我不能进去其他楼层，因为我不住在那里。”塔卡米解释道。当他们走进公寓时，她说：“格鲁比，你可以洗洗澡什么的，我已经为你设定好了浴缸程序。”“什么意思？”格鲁比有些惊讶地问。

滚烫的洗澡水

“在日本，洗澡很重要。所以我们有世界上最先进的浴缸。我可以预先设定我的浴缸程序，这样它就会在特定的时间自动加满水，水温和水量也是我预先设定好的。我想，你的浴缸几分钟前就已经准备好啦。”格鲁比跟着塔卡米走进厨房。在厨房里他听到冰箱旁边墙壁上的一个控制面板传出声音：“洗澡水已经准备好了。”一个机器人浴缸！格鲁比闻所未闻，他觉得有点儿不可思议。

很快，他舒服地躺在了浴缸中，开始昏昏欲睡。当他躺着打瞌睡时，他并没有意识到水一直在加热。突然他忍受不了了，从浴缸中跳了起来。“啊，好烫，好烫，好烫！”他叫道。他来回跳着脚，拿了条浴巾把自己包了起来。这时，计算机声音响起：“水温已达到目标温度45℃。”格鲁比差一点儿摔倒。“哇，我差点儿就被煮成鸡汤了”，他思忖道，“塔卡米可能把温度设错了。”

和智能马桶纠缠

这会儿他急着上厕所。厕所里也有一个控制面板，上面有很多按钮。好在这些按钮上都画着图示，而不是日文。格鲁比在一个按钮上找到了男士符号，就按了下去。马桶盖鬼使神差地弹了起来，紧接着是马桶坐圈也弹了起来。“唔，可是我得坐下呀，”格鲁比喃喃自语。于是他机智地按下了女士符号。马桶座圈又落下了。哈哈，这回成功啦！

结束后，格鲁比想冲马桶。他看到了一个符号，上面是一个喷泉的形状。“应该就是它”，格鲁比想。当他按下按钮，马桶池的后面伸出了一根水管。可是它并没有将水向下冲，而是直接向上喷射，正中格鲁比的脸。他在马桶前被溅得满脸是水，水冲进了他的眼睛，几乎什么都看不见。他费尽九牛二虎之力，才关掉了这个小喷泉，却不小心碰到了另外一些按钮，这时，厕所变成了一个失控的吱哇乱叫的怪物。马桶盖弹起又关上，水管中不断地有水喷出来，让人差点儿以为厕所想要吃掉格鲁比！

最终，他找到了正确的按钮，给马桶冲了水，一切恢复平静。格鲁比精疲力竭，浑身湿透，步履蹒跚地走进厨房。“啊呀，我的小可怜！”塔卡米叫道，“我完全忘了给你讲解马桶。”“是啊，的确很有必要，我从来没碰过这样的马桶！”

清洁小助手

二人落座，准备吃午餐，格鲁比失手将装着绿茶的茶叶罐打翻了，茶叶散落在地板上。“真的很抱歉！”格鲁比说。“啊，没事的，”塔卡米说，“稍等，我有办法：可宝（Kobo），启动！”

格鲁比再度惊掉下巴。可宝会是谁呢？这时，他听到房间角落里传来微弱的嗡鸣声，那东西像个小饼干盒，在厨房里缓缓行驶。当它行驶过茶叶上面时，茶叶就不见了。“请允许我介绍一下，这是可宝，我的扫地机器人，”

可宝小心地拐弯行驶，当它把桌子周围的地面全部走过一遍之后，地面上的茶叶完全没了踪影，地面立刻变得干干净净。“好方便，”格鲁比说，“恐怕我也需要这样的助手呢。它是怎么清扫垃圾的呢？”塔卡米小心翼翼地拿起这个小东西，翻转过来。“它的背面有一个像手持吸尘器那样的吸尘口，左右两边各有可以转动的刷子。它用刷子直接将灰尘扫进吸尘口，原理和街道清扫机差不多。”塔卡米解释道。

“那么，它是如何定位的呢？”“它会用一个激光扫描仪扫描整个房间，然后设定一张房间的电子地图。这样一来，它就可以在屋子里辨别方位啦，而且它也通过轮子的旋转次数来帮助定位。它清扫时，就像割草机一样自动驶过地面，以确保房间的角角落落都尽可能被扫到。”

“假如有人像我刚才那样不小心把东西撒出来呢？”格鲁比好奇。“我们可以直接叫它过来。它的摄像头会立刻‘看到’垃圾。然后，它会缓缓驶过这个地方，直到垃圾清扫干净。此外，可宝还有一定的学习能力：它会记住公寓里最需要清扫的地方，比如我的厨房，它每天至少去清扫两次。”塔卡米说道。

“那么餐桌附近的区域呢？”——“这里通常来说完全不会脏。你来了以后，就变了。你看，它提高了餐桌附近的清扫等级。”塔卡米笑着回答，指着一直围着格鲁比的脚打转的扫地机器人。

“它也可以和其他机器人交流吗？”格鲁比问。“不，它不能。不过我给你一个小建议，今晚下楼去入口大厅看看。夸克在那里，它是守夜机器人，能和其他机器人联网。然后你有任何问题都可以问它，而不用问我啦。”塔卡米微笑着说。

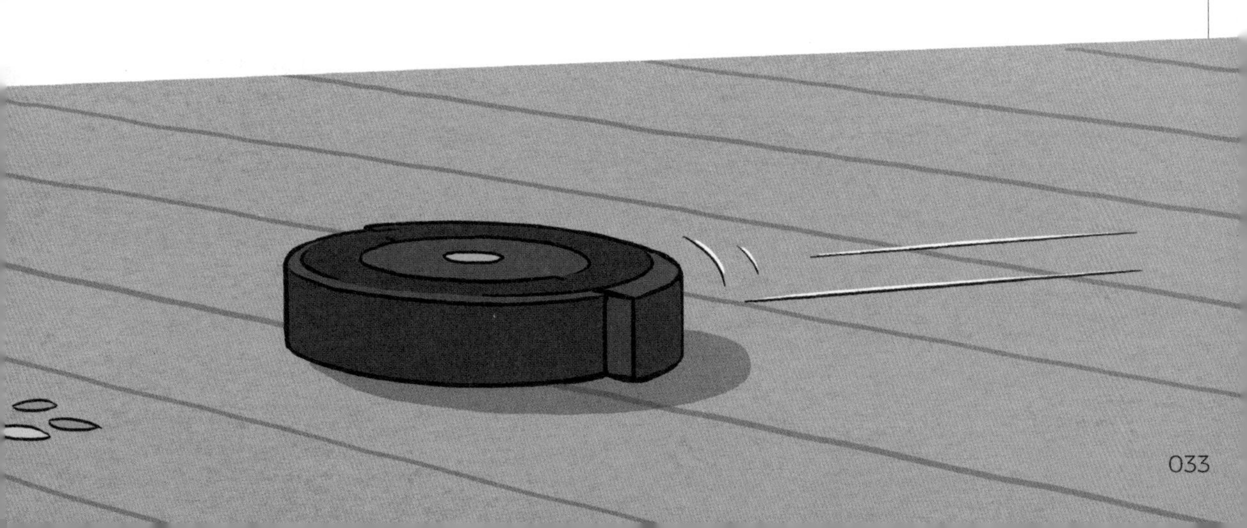

和守夜机器人一起冒险

当晚，格鲁比拿着塔卡米钥匙扣上的芯片卡，乘坐电梯来到一楼。周围寂静无声，格鲁比三步并作两步穿过漆黑一团的入口大厅。突然，它听到背后传来一个声音："请您留步，请验证个人身份！"——"啊哈"，格鲁比心想，"是守夜机器人！"

他面前站着一个圆柱形机器，几乎和格鲁比一样高。格鲁比问："你是夸克吗？""没错。"机器人操着一口深沉的男低音答道。这时，格鲁比刚朝夸克的摄像头望去，夸克就扫描了他的脸。5 秒钟后，它说："对不起，格鲁比。我刚才不知道你就是那只鸟。"格鲁比瞠目结舌："你知道我是谁？"

"当然！塔卡米是 3 号公寓的业主，已经把你登记成为她的客人。今早你穿过入口处大门时，已经有摄像头拍过你了。所以我知道，你不是不速之客。"夸克说。——"我可以跟着你四处看一下吗？"格鲁比问。"当然可以！"夸克回答道。

格鲁比跟着夸克一起去巡逻。当它们路过清洁间时，听到了一阵嘈杂的声音。"会不会是有人闯入？"格鲁比问。"我们最好看一下，"夸克说，"等一下，我得先让中心服务器打开这扇门，马上就好。"夸克向服务器输入信息："请打开 254 号门。"

门悄无声息地打开了，里面漆黑一片。"我什么都看不到。你能吗？"格鲁比问。"启动热敏摄像头。"夸克回答。"你真的是装备精良。"格鲁比称赞道。靠着热敏摄像头，夸克即使在一团漆黑的地方，也能看到一切辐射热量的东西。

“那里有东西在动！”夸克说。“是个小东西。小心，它从拖把后面钻出来了——启动识别——人脸识别失败——网络搜索相似图像。”夸克发出了轻轻的嗡嗡声。几秒钟后它说：“已发现匹配物。是一只老鼠。”

格鲁比来不及为入侵者震惊，那只老鼠就从清洁间飞奔而出，径直穿过了门厅。夸克在背后停了下来，格鲁比屏住呼吸，以防遗漏任何中间环节。夸克试图利用系统指令关闭大门，可是小老鼠纵身一跃，钻进了大门前的小花园之中。

“我们得搞清楚，老鼠的洞穴在哪里。”夸克用低沉的嗓音说道，仿佛是要强调，这里危机重重。“启动无人机监控。”它命令服务器。不一会儿工夫，格鲁比听到外面传来一阵无人机的嗡嗡声。格鲁比和夸克穿过大门，四处张望，只见无人机在花园上空盘旋并用一台热敏摄像头搜寻着每一寸地盘。“无人机找到了老鼠洞，”夸克汇报，“把方位发送给除害虫公司，明天一早他们就来铲平巢穴。”“天哪，我现在才知道什么叫真正的便捷，”格鲁比说，“搞定鼠害了！”他感谢了夸克，然后乘坐电梯，回到塔卡米的公寓，之后便很快沉沉地睡去了。

与智能语音助手的沟通障碍

早晨，格鲁比在一阵绿茶的清香中苏醒，塔卡米已经起床，她在对什么人说话："你好，奇奇，读点儿新闻给我听吧。"奇奇？难道还有别的客人？不一会儿，他听到一个女孩的声音传来："昨晚 18 点零 5 分在北海道发生 5 级地震，只有轻度建筑损坏，5 名人员伤亡。—— 东京鱼市上市一条 280 公斤的蓝鳍金枪鱼，创下 3400 万日元的历史交易最高价。买主是一名千万富豪，他说，这条鱼打算用在女儿的婚宴晚餐上。—— 英国早晨……"

格鲁比睡眼惺忪地站在这个会说话的圆柱形物体前。“早上好，格鲁比，”塔卡米说，“来，我给你介绍一下。这是奇奇，我的智能语音助手，也是我的助手。奇奇，拜托你在日历上填一下今天的行程：今天 14 点在浅草寺旁的拉面馆举行会议。顺便再帮我订一张去那里的地铁票。”

“已完成，”奇奇说，“票已经在您的手机里了。您还想继续听新闻吗？”——“不啦，谢谢！不过格鲁比有任务给你哦。来，格鲁比，你可以问奇奇任何问题，有什么事情跟它说吧。”塔卡米说。塔卡米去厨房取茶时，格鲁比开始和奇奇聊天。

“奇奇，最近的理发店在哪里？”——“出了大楼右拐，直走 100 米，然后在老虎巷左拐，继续行走 50 米，就来到武士理发店。需要我帮您预约吗？”格鲁比听到“武士”这个词，心里有点儿发虚——那里不会直接把他的整个脑袋剪掉吧？“不了不了，谢谢！”他回答。为了转移话题，他赶紧问：“从这里去苏黎世有多远？”——“直线飞行距离 9596 公里。陆地公共交通和乘坐飞机时间分别是 14 小时和 30 分钟。我要帮您订一张票吗？票价仅需 1300 法郎。”奇奇说。“好好，到此为止，够了。”格鲁比嘟囔着，想说什么，欲言又止。可是，奇奇如果遇到听不懂的话，就会一律理解为“是的”：“收到，您要买去国际机场的地铁票，外加一张去苏黎世的机票。您必须 5 分钟内启程，否则就会错过航班。您的票已经发送到邮箱。”

格鲁比大惊失色——我的天！又摊上事儿了。“不，哎，拜托再退回一下。”他说。“收到，已为您预订往返机票。温馨提示，您的行程 3 分钟后开始。您还有什么需要吗？”格鲁比惊慌失措，他飞奔到厨房求助塔卡米：“快点，你得帮帮我，奇奇想要把我送回瑞士。它给我定了去苏黎世的机票。”塔卡米忍不住笑了。“别担心，我这就来处理。奇奇，把 5 分钟前定的所有票取消。”——“收到。预订已取消。这会儿您想听点儿音乐吗？”奇奇迅速应答。

智能语音助手

智能语音助手是配有麦克风和播放器的设备。如果有人朝它们说话，它们就会执行指令并为人处理事务。它的原理是这样的：麦克风接收语音信息，接着智能语音助手通过网络，把接收到的信息传给服务器。所说的话会被转换成一条服务器程序能够理解的文字。例如，当人们问“世界上最高的山是什么？”接着，程序就会在网上搜索答案。它会把答案发送给智能语音助手，于是它会回答：“珠穆朗玛峰。”如果把智能语音助手与私人日历连接，或者连接到公寓里的不同设备（例如百叶窗或空调），这样一来，即便人不在家，也可以设定室温或打开百叶窗。智能语音助手还可以预订电影票、飞机票和旅馆房间。它会调查所有的预定网站，进行比价后找出最便宜的价格。

智能语音助手的利与弊

人们可以通过语音控制管理日程，而无须上手按按钮，非常便捷，尤其是对盲人或者坐轮椅的人，他们不会再因此忘记事情。

智能语音助手也可以辅助家中的日常事务。

智能语音助手中存储的数据可能会落入坏人之手。

我们的声音存储在服务器中。每个人的声纹——就像指纹或者人脸识别一样——都是独一无二的。也就是说，人们在某种意义上以某些私人特征为代价，甚至会因此泄露自己的隐私状态。

数千名工作人员会分析我们所录制的音频文件，以优化智能语音助手。也就是说，总有人会窥探我们的私生活。

拥有智能语音助手，意味着家中又多了一个家用电器。生产它们需要金属或塑料之类的资源，意味着要消耗自然资源。

智能浴室的麻烦

格鲁比从东京前往福岛，他想看看核电站事故后投入使用的机器人。途中，他在一个露营地短暂停留。他想在纯净原始的大自然中好好休息一下。

格鲁比租下了游泳池旁的一间小屋，和所有的日本房间一样——这间小屋异常干净，但是屋里没有什么家具，甚至连一把椅子或者一张桌子都没有，更不用说床了，只有一个所谓的榻榻米，也就是日式床垫放在地板上。

树蛙欢快的呱呱声不绝于耳，格鲁比决定去浴室冲个澡。不过，浴室到底是什么样子的呢？格鲁比投了两枚硬币，门就自动打开了。里面墙上挂着一张使用说明，格鲁比得先瞧瞧："您有 5 分钟的淋浴时间。打开水龙头后，开始计时；关掉龙头，计时暂停。请您先擦干身体，再走出浴室。一旦您启动门把手，您有 60 秒时间走出浴室。随后启动自动清洁程序。"

“想洗个澡，还要先读这长篇大论，”格鲁比有些愠怒地思忖，“而且，谁能顾得上这么多？”格鲁比站在花洒下打着肥皂。一切恰到好处，5 分钟于他绰绰有余。格鲁比擦干身体，走到外面。门锁上之前，他突然想到，自己把牙刷落在了浴室里。“啊呀，不好，赶紧进去，不然我还得再投币了！”他大叫着冲进浴室。他身后的浴室门就快关上了，他听到计算机的声音：“自动清洁程序将在 10 秒钟后开始。”

格鲁比惊慌失措，牙刷掉在了地上。他在地上爬来爬去，直到找到牙刷为止。“……五、四、三、二、一，自动清洁程序开始。”墙上伸出一个喷头。喷头开始用一股细细的强劲水流冲洗浴室墙壁。格鲁比握着它的牙刷站在房子中间。水冰冷刺骨，非但没有清洗浴室，现在，反而把格鲁比洗了第二遍——而且是高压水柱！

格鲁比跳来跳去。“嚯，啊啊，不好，咦，噗，离我远点儿！”他斥责浴室。可是计算机固执地执行着自己的程序。最后，格鲁比走到门前，终于走了出去。他浑身湿透，冰凉透骨。“就算在露营地，我也还是难逃科技之手。”格鲁比想着想着，就精疲力竭地在榻榻米上睡着了。

自动售货机并非机器人

贩卖食物、饮料、车票或咖啡之类的自动售货机并不属于机器人，因为它们没有用来感知周围环境和我们人类的传感器。除此之外，它们既没有适应能力，也没有学习能力。它们只能机械地重复同一个运行程序。投币以后，接着会要求选择商品相对应的号码，自动售货机会把商品吐出，或者执行其他预先设定好的任务。

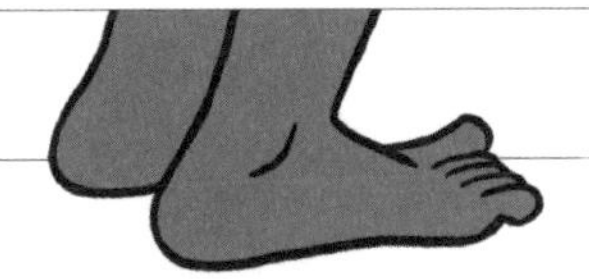

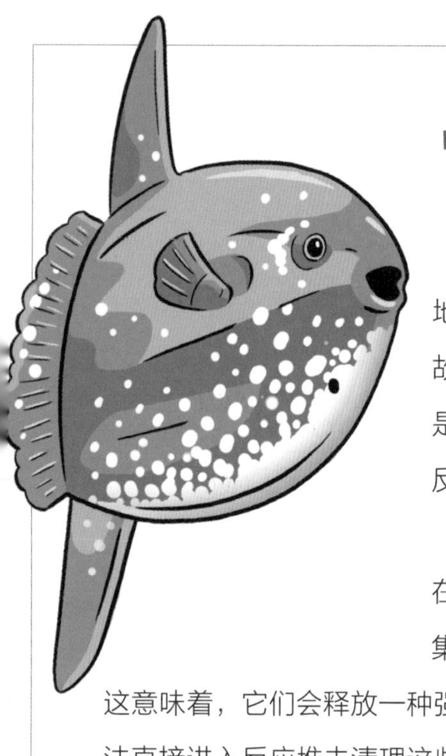

灾难现场的机器人

第二天，格鲁比动身继续前往福岛。2011 年，在一场地震和海啸后，这儿的核电站发生了一场严重的核泄漏事故，起因是地震和海啸引起了所谓的“核心熔毁”。也就是说，燃料棒因极高温而熔化，流溢到反应堆容器的底部，反应堆也因此被摧毁了。

燃料棒的残余物至今仍遗留在原地，清理工作如今仍在进行，预计还要持续几十年，才能把所有放射性物质收集起来。这些残余物异常危险，因为它们含有放射性物质。这意味着，它们会释放一种强烈的辐射，辐射会改变甚至摧毁生物细胞。所以人们无法直接进入反应堆去清理这些残余物。只能往反应堆里灌满水，可以稍微减轻这种辐射的强度。

在福岛，格鲁比认识了研究员泷村幸雄。他和他的团队受政府委托研究如何在不伤害人身安全的前提下，把这些核垃圾从反应堆中取出。格鲁比在控制室里见到了他，控制室则是一栋离反应堆约 500 米的楼房。幸运的是，辐射还没有波及此处。

研究团队恰好正准备送他们最新的机器人前往反应堆。“格鲁比，你来得正好。我们的工作人员正在用一根长杆把机器人推入反应堆容器上的一个孔里，”泷村幸雄介绍。“好可怜！”格鲁比感叹，“难道它不会被强辐射烤煳吗？”——“别担心，我们制造它的时候，就确保了它可以耐受这些，”研究员说，“这个小机器人名叫‘太阳鱼’，它配备了 4 个螺旋桨，可以在水中游泳。”

工作人员小心翼翼地通过一根电缆线将机器人导入反应堆容器中。这时，机器人的摄像头启动了。格鲁比在控制室的大屏幕上看到，在“太阳鱼”探照灯的照射下，海水浑浊不堪。“看不到什么呢。”格鲁比说。“这是我们一直期待的，”泷村幸雄说，“我们得到更深的地方去。熔毁的燃料棒的残余物一定就在什么地方。”

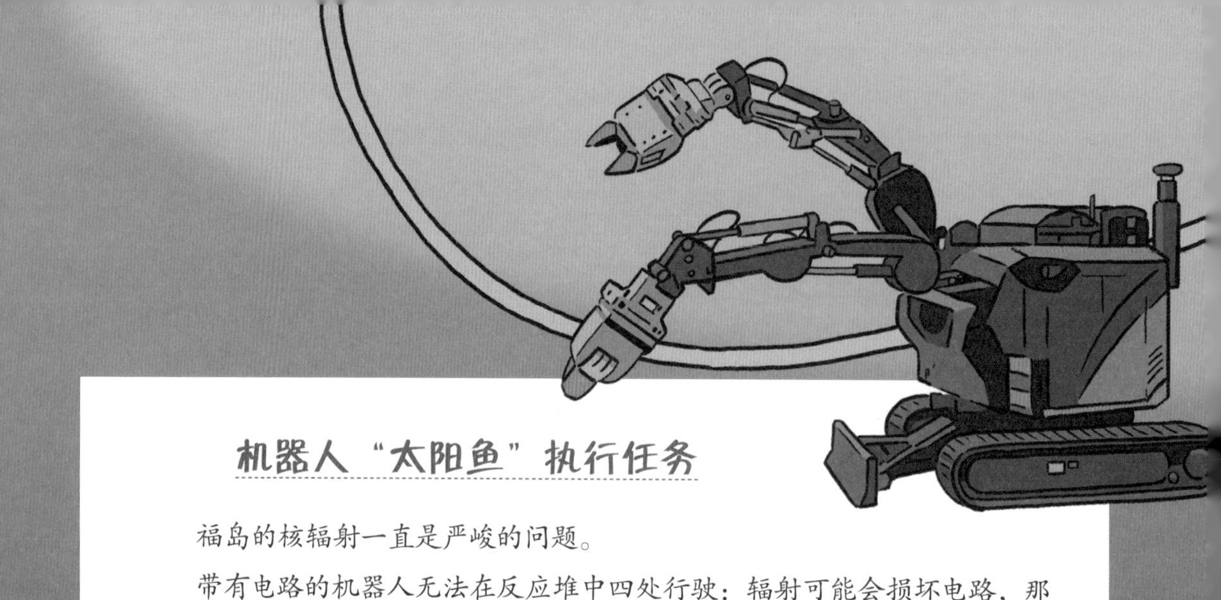

机器人"太阳鱼"执行任务

福岛的核辐射一直是严峻的问题。

带有电路的机器人无法在反应堆中四处行驶：辐射可能会损坏电路，那么一来，机器人很快就报废了。因此，所有的电路都位于控制室，那里并没有辐射。只有机械部分，例如发动机或摄像头装在机器人身上。所以，机器人身上连接着一条电缆，用来为它供电，并远程控制它。

福岛的机器人基本上有两项任务：搜寻并清理垃圾。而清理是最难的，因为机器人必须把垃圾装进特殊的、辐射无法穿透的容器之中。这对远程操控的机器人来说是极为困难的任务。

其他机器人的工作原理类似吸尘器。它们清扫被核辐射污染的表面。为此，它们会驶过各种轨道，打扫被放射性粒子污染的过道。之后，人们又可以踏上清理干净的表面了。

福岛研究人员还有许多工作要做。

一名技术员操控“太阳鱼”继续下潜。突然，屏幕上出现了一个明亮的区域。“我们已经到达反应堆容器的底部。小心！”泷村幸雄说。可惜为时晚矣。“太阳鱼”快要碰到地面了，技术人员试图让它转弯。淤泥被搅动起来，细小颗粒形成的雾气，弥漫在机器人周围，视野更加模糊。“糟糕！”泷村幸雄咕哝道，“现在我们必须等待尘埃落定。否则，盲目驾驶的话，万一机器人撞上什么东西，就可能被困住。那么这些年的研发工作就白费了。”

半小时后，“太阳鱼”终于可以继续前进了。“等等，那是什么？”研究人员兴奋地指着屏幕上的颗粒状物问道。“一定是碎石堆。天呐，这也太大了！”他叫道。技术人员让机器人在废墟堆上滑行。

这是一堆由燃料棒、混凝土和金属组成的混合物。有时可以看到被摧毁的反应堆的个别部件，如栏杆或栅栏。鬼魅般的景象！格鲁比禁不住战栗起来。幸亏有小“太阳鱼”的帮助，研究人员终于找到了这个致命的区域。

一小时后，工作人员用电缆把机器人拽出了反应堆容器。泷村幸雄宣布：“任务圆满完成！谢谢大家！”

地震救援机器人

格鲁比动身去参加一个机器人比赛。他在一家餐馆刚准备舀起乌冬面汤，周围突然开始剧烈地晃动起来，并且发出隆隆的响声。墙壁震动，桌子、椅子和梳妆台晃动起来，窗户上的玻璃“哗啦”一声碎裂了……“地震了！”格鲁比喊道。他看到一个小男孩双手抱着头，躲在桌子下避险。“好主意。”格鲁比想着，立马爬到男孩身边。就在此时，天花板上的木板掉下来，不偏不倚砸到了椅子上。

短短的一分钟——对格鲁比而言像过了半个世纪，地震就结束了。“嗨，我们走运了。我是格鲁比，你叫什么名字？”——“我叫爱奇。我父母在街对面的鞋店里。”男孩答道。“咱们去那边，看能不能找到他们。”格鲁比说。

两人走到外面，看到许多人拥到人行道上，他们看起来脸色异常苍白。有几辆自行车倒在地上，此外并未发现什么重大损失。

但是，当格鲁比和爱奇穿过街道去街对面的鞋店时，他们呆住了，心几乎提到了嗓子眼。大楼已经坍塌了！“我的爸爸妈妈还在里面！”爱奇哭喊道。

“别哭了，别哭了，”格鲁比试图让他冷静，“我们得去看看，废墟下有没有人呢。”格鲁比大喊：“你好，下面有人在吗？能听到吗？——”“救救我们——我们在下面，”有人从瓦砾中回喊，“我们没事，只是出不去了。”爱奇松了一口气，欢呼起来：“那是我爸爸！”

不一会儿，格鲁比和爱奇听到了救援车鸣笛声。救援车的门开了，十几名消防员跳下车。消防员拿出了混凝土切割机、千斤顶、绳索、袋子和电缆。

救援活动开始了。格鲁比随即发现一个袋子里有什么在动来动去。他拍了拍爱奇的肩膀说：“那里面是什么？看起来有点儿诡异。”——“哦，格鲁比，好像是蛇！它一定是被地震吓出了洞穴，钻到了袋子里。我们怎么办？”——“别担心，我知道如何对付蛇……”格鲁比夸下海口。

他小心翼翼地爬到蛇的旁边，蛇头已然暴露。这蛇看起来古里古怪：周身遍布长毛。格鲁比纵身一跃，抓住了蛇的脖子，把它一把举起来。“这下抓住你了！”他胜券在握。这时，蛇开始恐怖地扭动起来。这东西体型庞大，少说也有 8 米长。

格鲁比绝望地挣扎，这个动物却缓慢地盘绕住他的身体。“救命啊，一条巨蛇！”他大叫。终于，一名消防员注意到了格鲁比。他笑着把手伸进口袋，按了一个红色按钮，蛇立马应声倒地。格鲁比茫然无措，手里还握着这个东西。“这是我们的蛇宝（Snakebot），不是真蛇，是机器人。”消防员开怀大笑。“原来如此。它能做什么呢？”格鲁比很好奇。“你瞧，蛇宝的前面有一个摄像头。有了它，我们就能看到它所看到的一切。因为身型细长，它可以在碎石之间灵活蠕动。实际上，它的研发人员是以蛇的运动方式为模型发明它的。要知道腿或轮子在废墟里不大实用。”

开始救援受困人员了。等蛇宝消失在废墟中时，消防员们就开始观察控制屏。“试着再往左一些，有一个缺口。”一个人说道。蛇形机器人得心应手地前行。几分钟后，它绕过最后一个混凝土块，逶迤穿行过被困的人群。被困的人们状态尚好。显然，只有上层楼房坍塌了，只是瓦砾碎片挡住了大家的出路。

消防员看到下层楼房尚且稳固，立马着手清理废墟。很快，他们清理出一条足够宽敞的通道，让人们可以挤进去。终于，爱奇的父母也获救了。

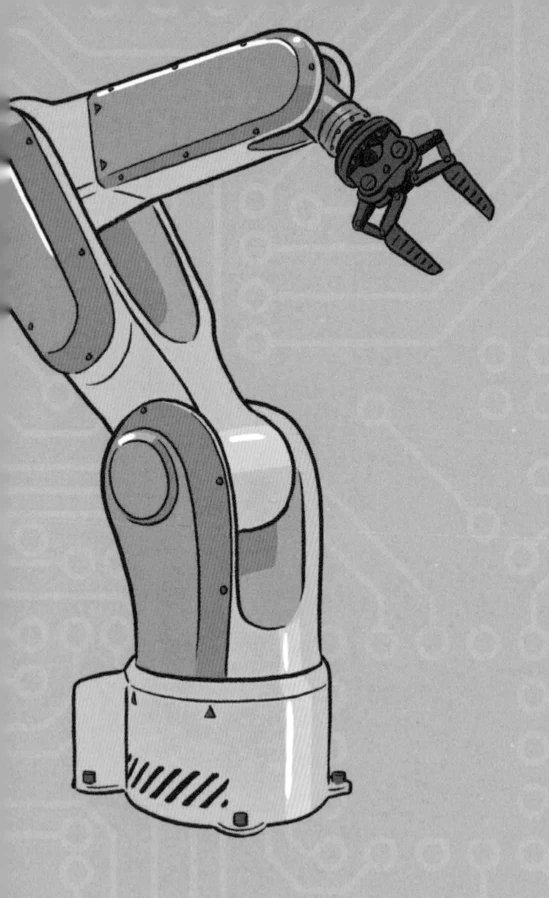

各种各样的机器人

如今，有许许多多不同类型的机器人，各种形状、尺寸，配备许多不同的功能，这里介绍几种最重要的。

机械臂

机械臂与人的手臂相似，却更为灵活、强壮，用途更广。它们被用于工厂汽车自动装配或自动装箱等。

并联机器人

并联机器人在设计上与机械臂类似，但抓手挂在一个联动装置上，可以通过电动马达或液压装置运动，从而使抓手飞快地——重点是，非常精确地活动。并联机器人可用于自动填充或清空盒子。它们也是飞行模拟器的重要附属结构：由于它们能够使出比单个机械臂更大的力气，所以可以根据飞行员的操控方式，全方位移动模拟器的驾驶舱。

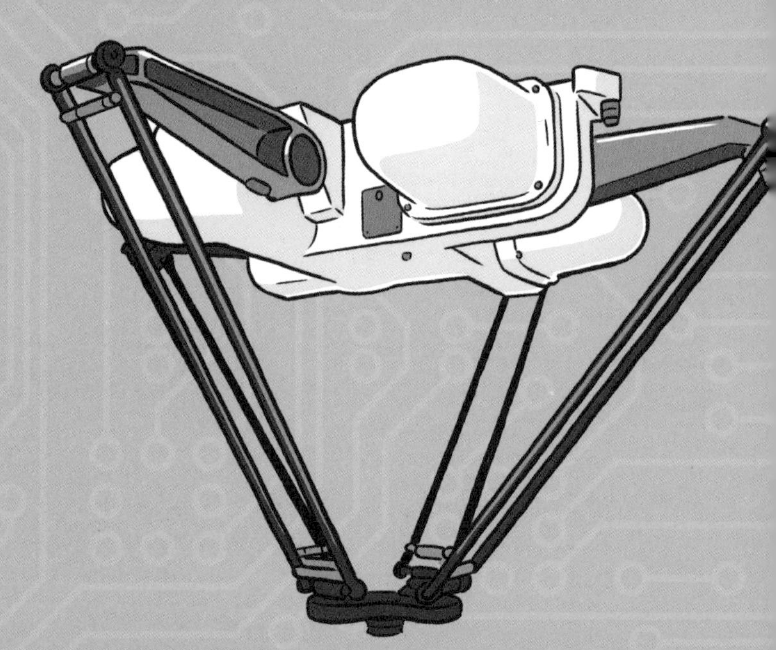

无人机

无人机机器人可以点对点地自主飞行，派送包裹之类的物品。有些无人机有多个螺旋桨，从而能在空中盘旋停留；有些无人机看起来像小飞机，甚至可以搭载乘客；有些无人机能够航拍照片；有些则被研究人员用来调查某个地区的森林。

人形机器人

人形机器人模拟人的形态，常在科幻电影中出现。在现实生活中，它们还没有这么普及。这是因为，人类的身体极难被复制。未来，它们将被用于需要酷似人类的机器人的场景。

漫步者

“漫步者”机器人身材小巧紧凑，由车轮驱动。相比无人机，它们的优势在于耗能更少。“漫步者”因为在火星上执行任务而名声大噪。

潜水机器人

潜水机器人是专为水下作业配备的机器人，通常由一个或多个螺旋桨助推。进行水下作业时，它们会沿着船体进行巡视。此外，它们可以用来打击入侵物种。

蛇形机器人

如今，不少开发商研发出许多蛇形机器人的变体，它们是根据蛇的运动方式研制的。和蛇一样，大多数蛇形机器人善于攀爬，甚至可以攀爬梯子。它们是探索人类无法进入的区域——例如倒塌的建筑物、被灾害破坏的马路、铁路或其他基础设施——的理想选择。它们配有摄像机和麦克风，能够发现废墟中的生命。这样一来，救援人员就知道去哪里解救被困的受害者了。

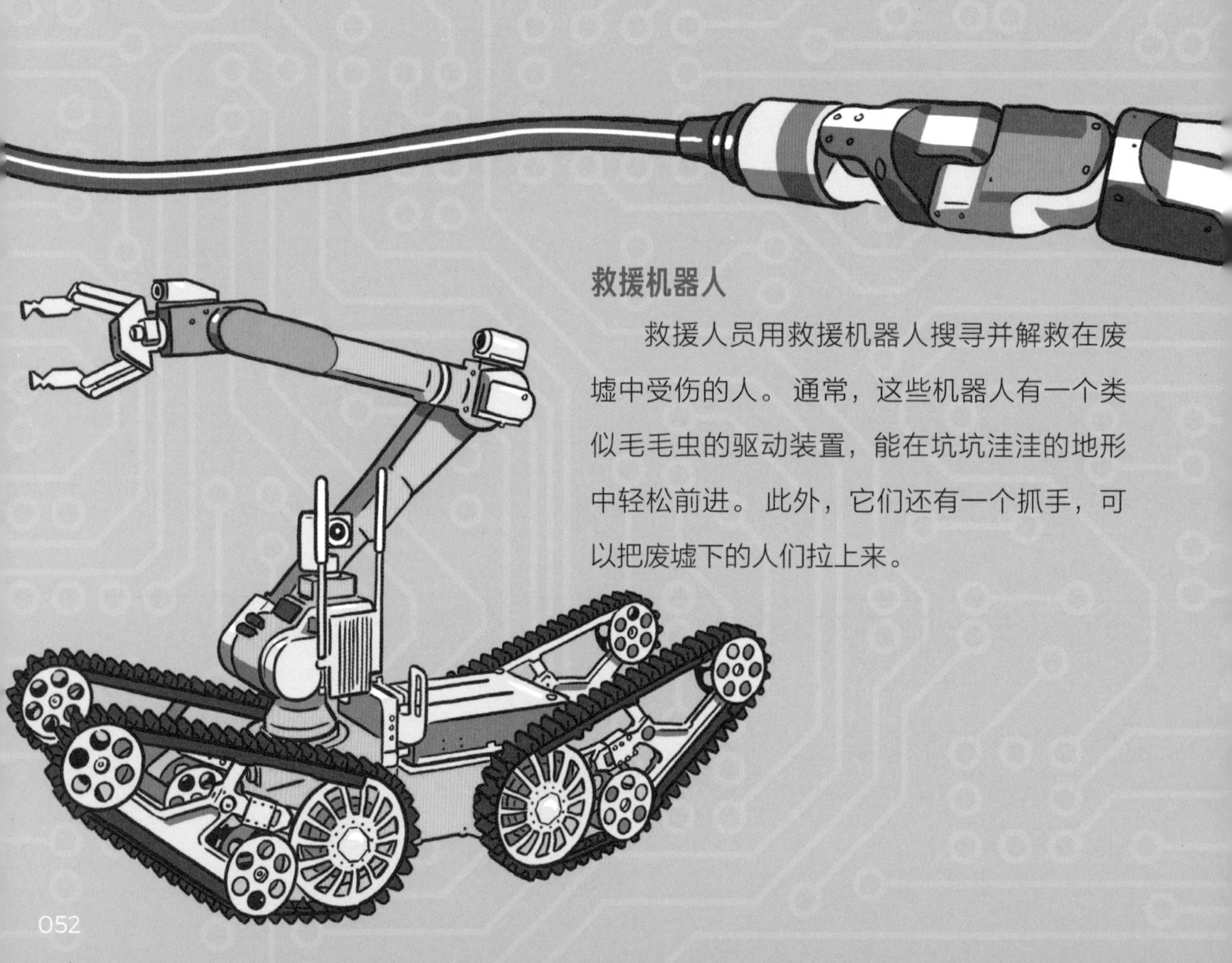

救援机器人

救援人员用救援机器人搜寻并解救在废墟中受伤的人。通常，这些机器人有一个类似毛毛虫的驱动装置，能在坑坑洼洼的地形中轻松前进。此外，它们还有一个抓手，可以把废墟下的人们拉上来。

外骨骼

外骨骼是人们佩戴在身上的机器人，主要用来辅助脊柱或大脑受伤者的康复。它们能够承受病人的身体重量，甚至辅助行走。

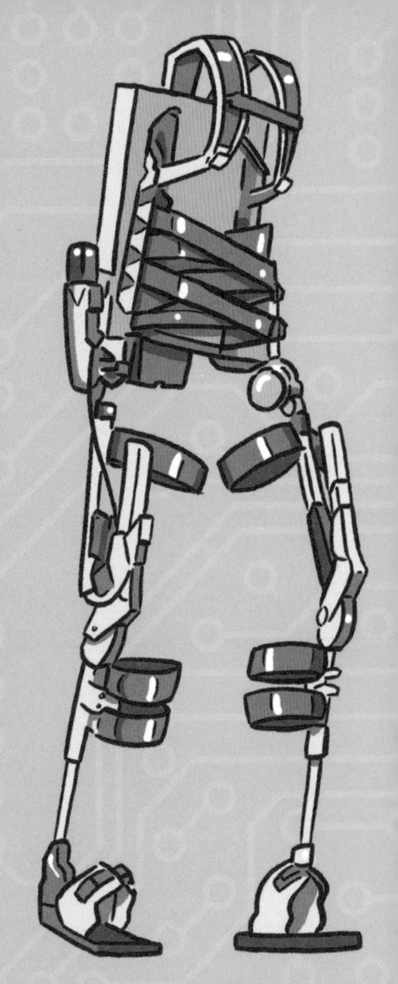

自动驾驶汽车

根本上来说，自动驾驶汽车是装配了机器人技术的普通汽车。它们有传感器，可以感知周围环境，并能够持续地独立驾驶（也就是说没有驾驶员开车）。

机器人假肢

一旦人们因事故而失去手、胳膊或身体的其他部分时，机器人假肢可以作为替代。假肢通过电极与身体的神经脉络相连，可以承担身体部位的部份或所有职能。

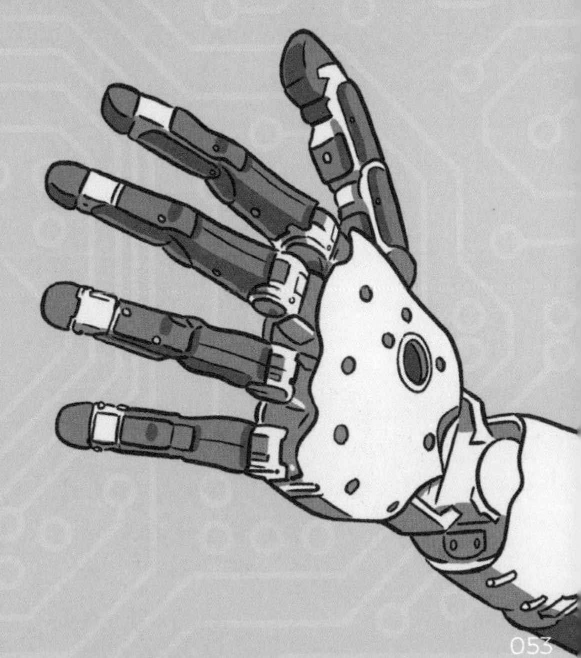

机器人如何感知？

格鲁比动身前往筑波市，那里正在举行“筑波机器人挑战赛”，这是日本全国各地的机器人研发小组之间的年度竞赛。在这项挑战中，机器人必须在无人协助的条件下，独立行驶过公共空间。这十分困难——意味着你必须预先把所有可能发生的行动编入机器程序中。假如一个垃圾桶挡住机器人的去路，你得告诉它这是什么，要如何应对。

在挑战赛中，机器人需要走完一条横穿城市的路线。该路线需要途经公共广场，沿人行道行走，穿过公园，甚至要穿越人行横道。挑战赛的亮点在于，机器人必须找到沿途某处站着的、身着发光马甲的人。格鲁比毫不犹豫地加入到志愿者行列，穿上发光马甲。他选择了一个购物中心入口旁的位置，在那里等机器人不会感到无聊。

一小时后，第一个机器人终于行驶了过来。它看起来像一个带轮子的小行李箱，顶部有四个摄像头，用以持续扫描周围环境。

行为

自动化机器人必须能根据它所感知到的东西正确行事。举例来说，倘若它看到一个人行横道，它的程序必须通知它：应该在这里穿过马路，而不是在其他任何地方。那么如果没有人行横道呢？机器人要沿路行驶，直到找到它为止吗？如果路上只有寥寥几辆车呢？它能否破例横穿马路？

日常环境中，为了安全起见，我们每天都要做成千上万的小决定。自动化机器人也应该能实现这一点。无疑，它们的程序会非常详细且复杂。

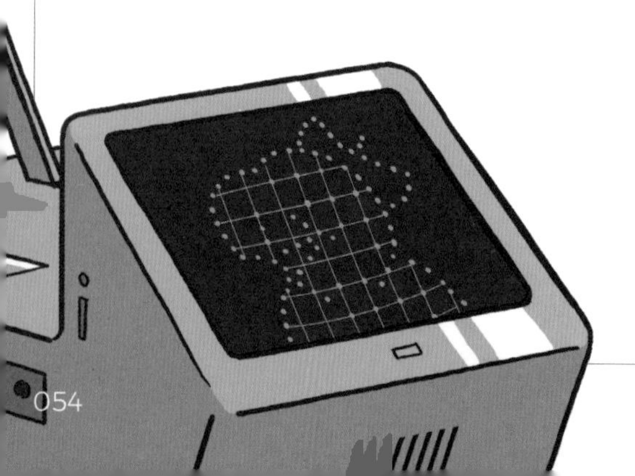

感知

机器人没有眼睛，但它们配备的高科技装置与我们的眼睛非常相似。最常见和最著名的恐怕就是照相机了，它和眼睛一样，能记录可见光。除相机外，激光扫描仪也很常用，它的原理类似雷达：扫描仪发射一束激光，一旦遇到某个物体，就会反射回来，也就是说，激光原路返回扫描仪。程序会根据光束发射和返回的时间，计算出机器人与物体的距离。为确保激光扫描仪不只测量某个点，它每秒旋转 16 次。这就创建了一个所谓的点云，即机器人周围环境的点状图像。

不过，光有照相机或激光还不够。为了能让机器人“看见”，还需要一个解释图像的程序。我们人类也如此：我们看到桌子上有一个杯子，但“杯子”的词汇是我们的大脑而不是眼睛提供的。大脑已经在我们的生活中为每样物体分配了名称、功能及概念——从火柴到火星，再到火箭……

必须将所有这些编入机器人程序之中，这是个艰巨的任务。每个物体都有特定的外观，这也要写进机器人程序。此外，同一种东西也不尽相同，比如有各式各样的椅子、汽车或手表。在识别事物方面，人类仍然远胜机器人。一个小孩看到一只猫或者猫的图片，随后他余生都会立马知道，这种动物是不是猫——尽管有白猫、棕猫或黑猫，长毛猫和短毛猫。而机器人则要见过无数猫的图片后，才能识别出它们。

机器人程序分析图像，能识别树木、灌木、人、狗或猫。机器人一“看到”格鲁比，就径直朝他开去，在他面前几厘米处停下，吹了一声口哨，示意目标找到了。“太棒了！”格鲁比称赞。“你做得很好。”他轻轻地拍了拍机器人，机器人在赛道上继续前进了。

不一会儿，格鲁比又看到一个机器人，形状酷似一个会动的冰箱。“可能是下一个冠军候选人。”格鲁比思忖着。比起上一个，这个机器人颇费了些周折。它四处试探，好像不知道到底去哪里。

最后，多亏激光扫描仪和摄像头，它发现了穿着发光马甲的格鲁比。机器人朝格鲁比驶去，大功告成之际，一个穿着橙色夹克的男孩从格鲁比和机器人中间跑过，又消失在商场里。机器人迷惑了，认为男孩的外套就是发光马甲，于是跟着他进入了商场。“噢，不！”格鲁比自言自语，“要是那个笨重的家伙冲过香水柜台，会立马打碎所有的东西！我得想办法让它出来。”

格鲁比飞奔过去，紧随机器人之后。要在熙熙攘攘的人群中跟紧这个怪物，并非易事。格鲁比看到，那个穿着鲜艳夹克的男孩在玩计算机游戏。他正津津有味地玩一个名为“与外星机器人的战斗 ”的游戏。格鲁比赶快走过去说:“跟我走，我们必须离开这里，你被跟踪了。”起初，男孩有些困惑，可不一会儿，他突然听到身后的“移动冰箱”呼呼作响，脸色苍白了。“救命啊，外星机器人的国王要消灭我！”他呼救，“帮帮我，蓝鹦鹉，我保证从现在起，再也不玩计算机游戏了。”

“别怕，这是科学家建造的机器人，它是为了你的外套。”格鲁比说。话音未落，就听到咣咣当当地，几个箱子被撞飞到了地上，原来是机器人的尾部撞到了货架。这里太拥挤了，可怜的家伙几近失控。“我们得带它出去！”格鲁比边喊边严肃地思考着。他随即说:“等等，我有一个妙招。”

格鲁比脱下男孩的橙色外套，举到机器人面前，好似斗牛士一般，“来，来，来！”他边说边摇晃着外套。机器人迎着夹克全速冲了过来，它的反应如此迅速。格鲁比吓了一跳，他赶快往外跑，边跑边回头看着机器人。

他没意识到身后有什么。“小心，蓝鹦鹉！”男孩喊道，“注意后面！”可惜警告来得太晚。格鲁比撞上一个高至天花板的、装满机器人玩具的架子。架子上的东西全倒下来，压住了他。这时机器人停住了，发出一声哨响——这是它找到发光马甲的信号。

自动驾驶的现状与未来

回到瑞士后，格鲁比想看看自动机器人技术何以付诸实践。格鲁比约了安妮塔·霍夫斯泰特会面。她是瑞士灏讯公司的一名工程师，该公司主营汽车行业的产品。安妮塔带着格鲁比走进一间会议室，工程师和管理层正在开会，他们正在讨论自动驾驶汽车应具备的新能力，以及如何在技术上实现这些功能。

会议期间，格鲁比看到了许多图文并茂的幻灯片。在大量信息的围攻下，他很快闭上了双眼。梦中，他坐在一辆完全自动行驶的汽车里，窗外的房屋和树木从身边飞驰而过……

“您将在 10 分钟内到达目的地。”突然，一个女声响起。他面前既没有方向盘，也没有加速器，甚至没有刹车踏板。这辆车只有一个触摸屏，可以在地图上输入目的地。从显示屏上可以看到，格鲁比正驱车前往迪琴格大街 3 号。“哇，好吧，要在高峰期横穿市中心！我能在 10 分钟内到达那里？这能行吗？”他不禁自问。

格鲁比有些犹疑地朝窗外望去。突然，他看到前面是一个十字路口。高速公路的左右两边，有各种自动驾驶汽车飞驰而过。然而，格鲁比的车并没有减速的意思。它的速度丝毫不减，像离弦的箭一般冲向十字路口。“哦，不，就要发生连环追尾事故了！我绝望了！停！停！”格鲁比捂着眼睛大叫，但是……什么都没有发生。

当他将手重新放下时，十字路口已经被远远甩在了身后。计算机控制的汽车可以与路上的所有其他车辆互通有无。因此，它能从车流的间隙中通过十字路口，却毫发无损。所有车辆不仅顾及自己，且相互照应。因此，再也不会发生交通事故，交通信号灯也变得多余了。

突然，车辆减速，停在了路边。门打开了，有一家人上了车。格鲁比有些吃惊，口干舌燥地说："对不起，这是我的车。"那位母亲笑着说："你真幽默！难道你不知道，汽车产权已经取消 10 年了。我们投票通过的《资源效率法》不是这么说的吗？"——"资源什么？"格鲁比问道。

但这时车里的女声已经在说："欢迎你，布鲁纳一家。您将在 20 分钟内到达苏黎世无人机站。"——"非常好！"那位母亲回答。她对格鲁比说："我们今天打算乘无人机去巴黎卢浮宫，晚上就回来。"格鲁比听得张口结舌。他坐立难安，内心尚未平复，车速却又慢了下来。门开了，那个女声说："亲爱的格鲁比，请下车。几秒钟后，会有另一辆车来这里接你。"

格鲁比爬出了车，目睹这一家人坐着"他的车"飞速离开，还没反应过来，另一辆车已经停在面前。一个一模一样的声音说："亲爱的格鲁比，请上车。你将在 1 分钟内抵达目的地。"稍后，汽车停了下来。"非常感谢您的乘坐。"格鲁比下车时，那个声音说道。门关上之际，有人喊道："格鲁比！喂，格鲁比！醒一醒！"

这时，他大梦初醒，有点困惑地望着安妮塔·霍夫斯泰特的脸。"好了，总算醒了，"她说，"会议结束啦。我们提出了一些很奇妙的想法。"——"我能想象得到。"格鲁比回答，然后起身和安妮塔一起去喝咖啡了。

自动驾驶汽车的结构

激光雷达

激光雷达是一个与雷达相似的系统，只不过用激光束来工作。它用激光束对周围区域进行扫描，反射光束可用于确定与其他物体的距离和速度。

摄像头

摄像头读取交通标志，监控道路上其他车辆的位置，并监测行人在路上的状况。

GPS 接收器

GPS 是指“全球定位系统”，通过卫星定位，车辆始终能知道自己的确切位置。

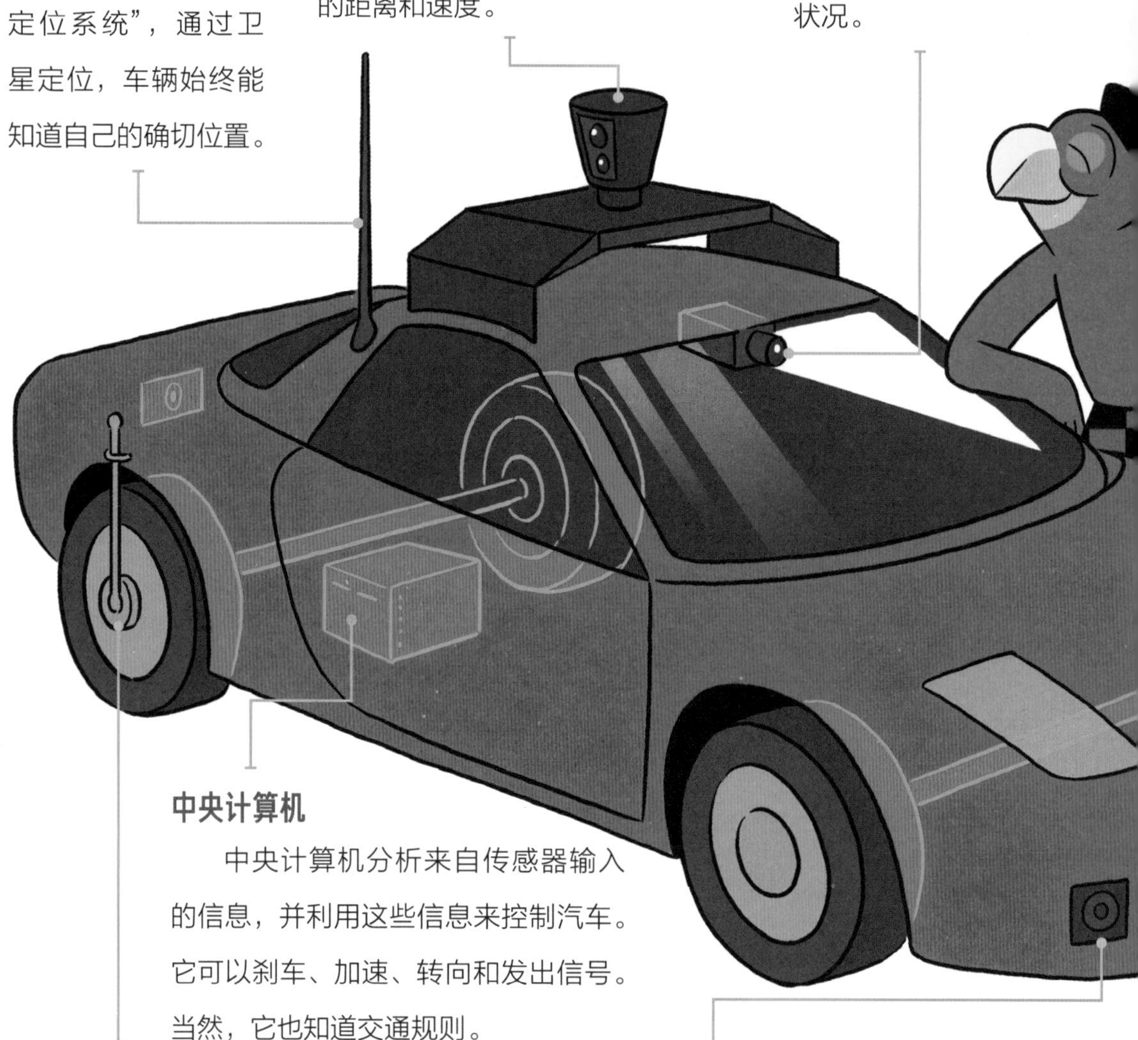

中央计算机

中央计算机分析来自传感器输入的信息，并利用这些信息来控制汽车。它可以刹车、加速、转向和发出信号。当然，它也知道交通规则。

超声波传感器

与蝙蝠类似，超声波传感器发射超声波来定位非常接近的物体并测量与它们的距离。它们主要应用在停车时。

雷达传感器

雷达传感器发射无线电波并接收从其他物体反射回来的回声。通过这种方式，汽车可以检测到附近的其他车辆。

汽车的自动化级别

所有汽车可以划分为不同级别。级别越高，车辆自动化程度就越高。到 2020 年为止，仍然没有哪辆车可以在完全无人的条件下应付一切路况。

0 级：驾驶员自己操作一切。

1 级：能够自动刹车。

2 级：不仅能自动刹车，还能自动加速和前进。

3 级：能在一些道路上完全自动驾驶。

4 级：在道路拥挤时，能自行停靠在路边。

5 级：人类驾驶员能做什么，它们就能做什么。

道德问题

5 级自动驾驶汽车还必须有做出道德判断的能力。如果一个行人未经提醒横穿马路，司机会紧急刹车，这样做，是为了保护行人，但同时车内的乘客也面临一定的风险。因为紧急制动可能会使人受伤。必须为自动驾驶汽车编程，使它拥有一些行为方式。

想告诉计算机如何行事并非易事。假设一辆汽车无法刹车，必须做出抉择：是直接撞到一个孩子身上，还是左转撞上拥挤的餐厅，或是右转撞倒一位老人？汽车要如何选择？一个孩子是否比一个老人更有价值，更应该被放过？

研究表明，人类在这方面的行为纯粹出于偶然，这种情况太过苛求我们的大脑。而智能汽车即使面临事故，也能做出成千上万个决定，它没有被苛求。但这意味着，工程师必须事先对它编程，明确它在哪种情况下该如何行动。

自动驾驶汽车的利与弊

如果自动驾驶技术得以顺利运行，则意味着交通事故更少。

一旦汽车之间能够互相沟通，人们就能更快地到达目的地。例如，车辆可以避开交通拥堵，因为它们非常聪明，会自动改变路线，并缓解交通堵塞。

交通拥堵减少了，也就意味着能源消耗减少。因而，开车就更环保了。

从第 5 级开始，整个交通量可能会减少，因为人们不再拥有自己的车辆，只在需要时通过应用程序召唤它们。

停车位需求减少，因为大多数汽车都在不停地工作。

汽车安全性更高，这得益于多个系统，如摄像头、雷达或红外线的同时工作。控制权完全交付给机器人和计算机。

必须首先解决法律问题。如果自动驾驶汽车造成事故，致使人员受伤甚至死亡，谁来承担责任？

数据保护：服务器上将储存行驶线路。

失业：卡车、公共汽车和出租车的司机将失去工作，必须重新接受职业培训。

为了安全运行，自动驾驶汽车必须从周围环境获取尽可能多的信息。例如，为了能够评估道路上有多少人，他们在做什么，就要监测行人的智能手机。这意味着，必须为这项技术牺牲大量的隐私数据。

机器人技术里程碑

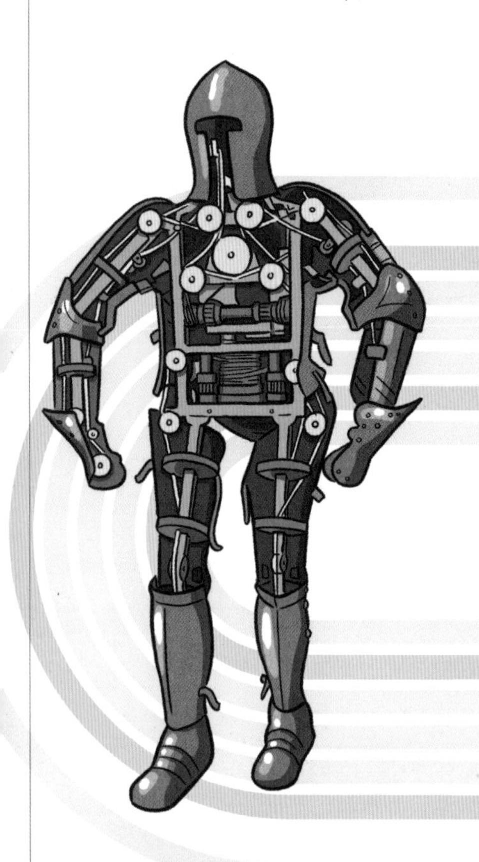

公元前 1000 年：
中国古代的自动装置

中国古代能工巧匠发明了许多原始的自动装置，以满足生活、生产和作战的需要。指南车、铜壶滴漏、浮子式阀门、记里鼓车、漏水转浑天仪、候风地动仪、水运仪象台等就是其中比较著名的几种。图为指南车，是中国古代用来指示方向的一种装置。

1495 年：
达·芬奇的机械骑士

万能的天才达·芬奇（1452—1519）在纸上设计了一个穿着骑士盔甲的机械人，可以移动手和脚，并坐下。

18 世纪：
音乐自动装置

几千年来，自弹自唱的乐器一直令人痴迷。全盛时期始于 18 世纪下半叶。整个管弦乐队都自动化了，并被制成方便的盒子的形式。它们由空气压力和弹簧驱动，并由打孔卡控制。

1954 年：终极者

第一台名为“终极者”的可编程机械臂进入市场。它可以用抓手执行重复性任务。机器人产业就此诞生。

1932 年：小人国

第一个玩具机器人“小人国 ”在日本市场上推出。它只有 15 厘米高。上弦后，它可以行进一小段距离。

1929 年：学天则

日本生物学家西村诚（Makoto Nishimura）建造了类似人类的机械机器人“学天则”，它可以通过压缩空气管来移动头部和手。

1913 年：亨利·福特的流水线作业

美国汽车制造商亨利·福特的工厂首次引入装配线工作。汽车组装的许多步骤都是自动化的。

1961 年：
装配线上的尤妮美

“尤妮美”是第一个被安装在通用汽车公司工厂装配线上的机器人，用于改良和堆放热金属零件。

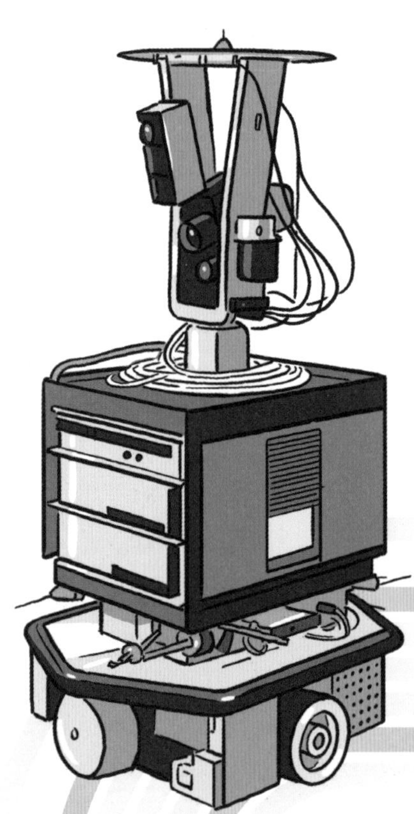

1966 年：沙基

“沙基”是美国斯坦福大学人工智能中心研发的第一个移动机器人。它有三个轮子，可以感知环境并独立执行任务。控制它的计算机占据了整个房间。

1979 年：斯坦福车

“斯坦福车”是“沙基”的改良版。这个移动机器人有四个轮子，可以在户外独立移动，并在障碍物周围导航。

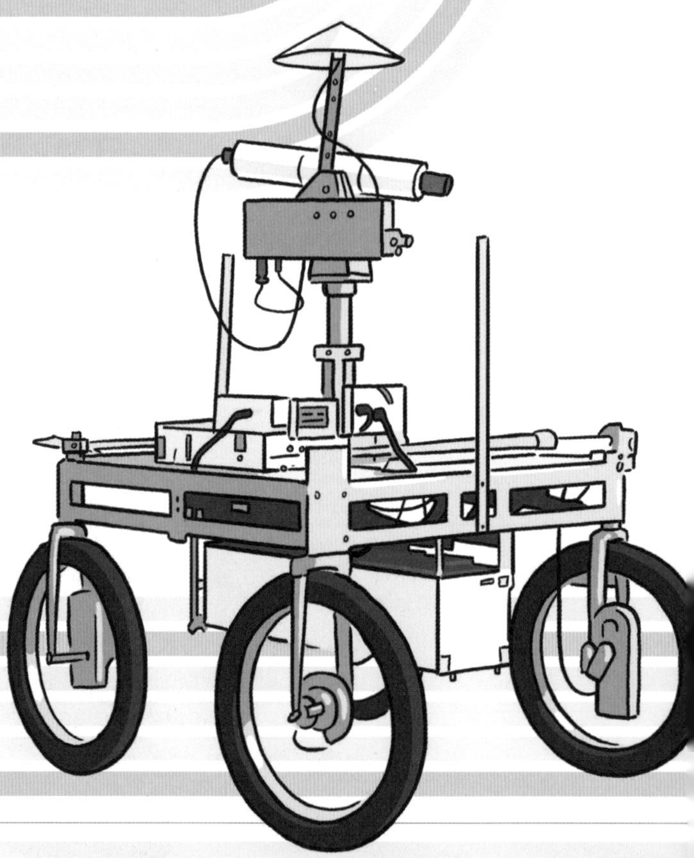

2012 年：丰田普锐斯

谷歌开发了自动驾驶汽车的技术，并在丰田普锐斯上成功进行了测试。

2002 年：龙巴

小型吸尘器机器人正在征服我们的日常生活。它可以独立吸尘，并停靠在充电站为它的电池充电。随着“龙巴”进入我们的客厅，机器人被接受为我们生活中的一部分。

2000 年：阿西莫

日本本田科技公司推出了机器人“阿西莫”。它是一个类似人类的机器人，可以用两条腿走路、跑步以及爬楼梯。

1999 年：索尼爱博

日本索尼公司发布了一款狗狗形状的玩具机器人——“爱博”。它会互动交流，还能够学习。这标志着高科技机器人玩具时代的开始。

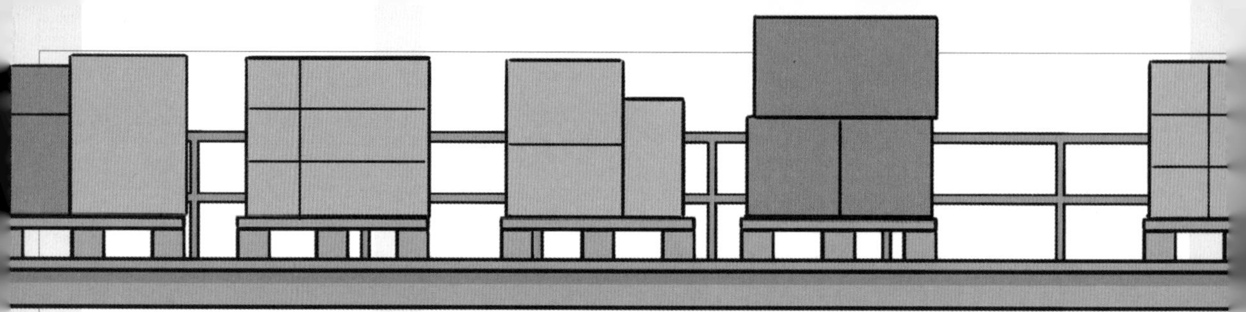

自动化仓库

格鲁比参观了一个全自动仓库。他讶异不已：整个仓库都由机器人管理！大型机械臂从巨大的架子上取下托盘，放在地上。然后叉车机器人装载货盘并将它送到拆包站。在那里，另一个机械臂将货物拆开，并将它们分门别类地放入篮子里，小型机器人再把它们转移到运输站。这里忙碌得像个蚂蚁窝。

此外，这样的仓库还用于在线运输，即处理互联网订单。当订单抵达运输公司的服务器后，订单信息被转发给仓库机器人。格鲁比惊奇地漫步在巨型操作大厅里，它有几个足球场那么大。他小心翼翼，以免被各种小型运输机器人撞倒。

他好奇地打量着货架，却没注意到自己裤子上的洗涤标签从他的腰部探出头来。上面除了洗涤说明之外，还印有条形码。当他经过传送带时，一个扫描仪读取了他裤子上的条形码。条形码告诉扫描仪，这是一条 M 码的格鲁比格纹长裤。这些信息立即被转发给包装机器人。包装机器人将机械臂伸向格鲁比并抓住了他。

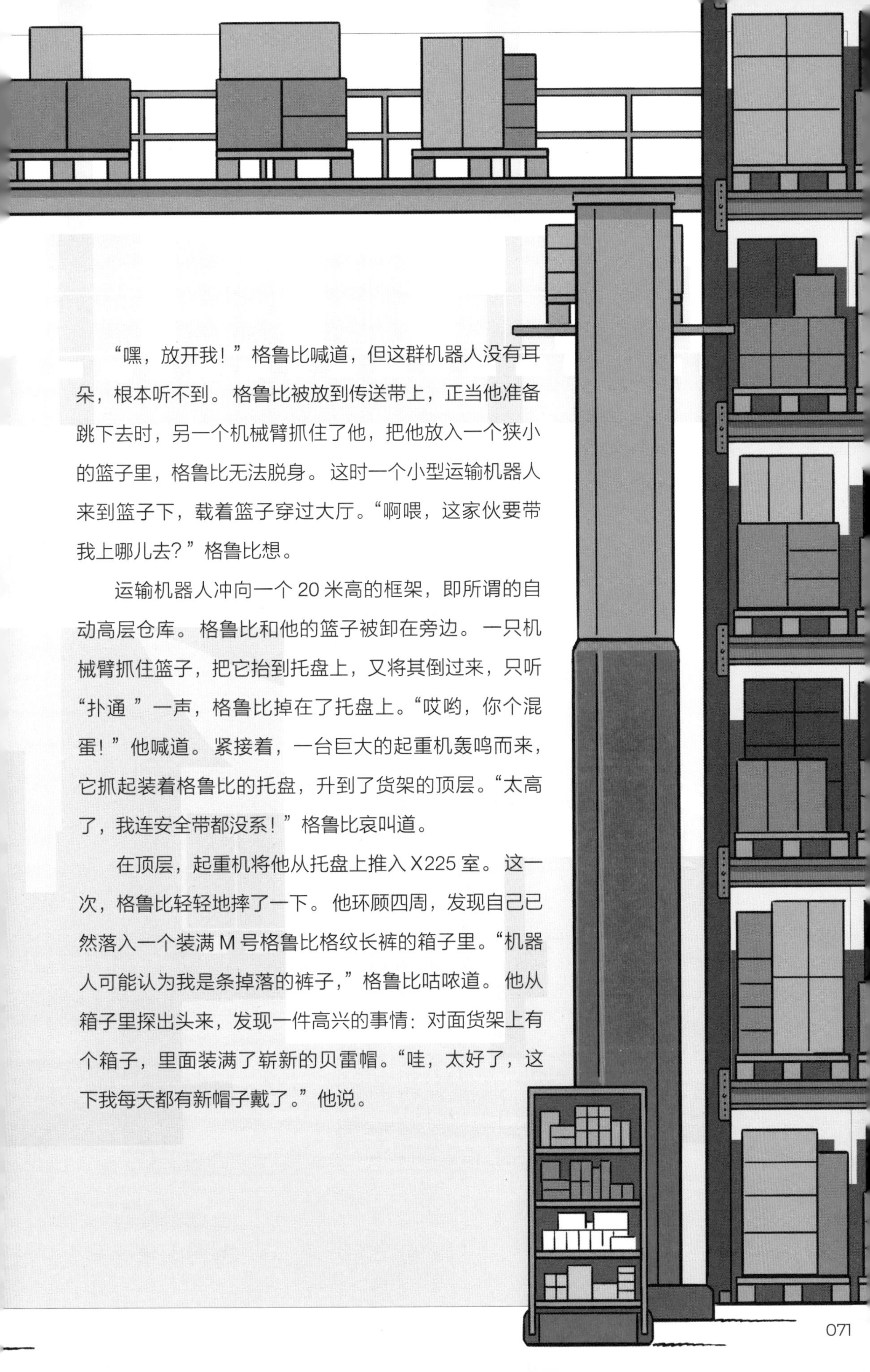

“嘿，放开我！”格鲁比喊道，但这群机器人没有耳朵，根本听不到。格鲁比被放到传送带上，正当他准备跳下去时，另一个机械臂抓住了他，把他放入一个狭小的篮子里，格鲁比无法脱身。这时一个小型运输机器人来到篮子下，载着篮子穿过大厅。“啊喂，这家伙要带我上哪儿去？”格鲁比想。

运输机器人冲向一个 20 米高的框架，即所谓的自动高层仓库。格鲁比和他的篮子被卸在旁边。一只机械臂抓住篮子，把它抬到托盘上，又将其倒过来，只听“扑通”一声，格鲁比掉在了托盘上。“哎哟，你个混蛋！”他喊道。紧接着，一台巨大的起重机轰鸣而来，它抓起装着格鲁比的托盘，升到了货架的顶层。“太高了，我连安全带都没系！”格鲁比哀叫道。

在顶层，起重机将他从托盘上推入 X225 室。这一次，格鲁比轻轻地摔了一下。他环顾四周，发现自己已然落入一个装满 M 号格鲁比格纹长裤的箱子里。“机器人可能认为我是条掉落的裤子，”格鲁比咕哝道。他从箱子里探出头来，发现一件高兴的事情：对面货架上有个箱子，里面装满了崭新的贝雷帽。“哇，太好了，这下我每天都有新帽子戴了。”他说。

职场的变化

新技术可以从根本上改变我们的生活，尤其是我们的工作。这一点，也适用于机器人出现之前的时代。19 世纪出现了所谓的“工业化”。这意味着许多新发明的机器取代了传统手工劳动。

这方面知名的例子是纺织业。几千年来，织布都是手工在织布架和织布机上完成的。但织布机发明以后，比之手工制作，生产布匹的速度突飞猛进。这样的好处是纺织品更便宜。技术进步的同时也会带来弊端：新机器淘汰了大批纺织工人，他们必须更换职业，或接受进一步的培训，成为操作纺织机的工人。

今天，随着机器人技术的发展，社会面临着同样的问题：许多前不久还只能由人工完成的工作，如今机器人也能完成。研究人员推算出，在未来几十年中，约一半的职业将被机器人（或自动化）局部取代，甚至彻底取代。尤其是一些简单的重复性劳动迟早会由机器接手，因为人工智能要学这些，轻而易举。

旅行社

在线旅游门户网站

机场值机人员

机场自助值机台

商店人工收银员

自助付款机

未来几十年，这些工作会彻底或至少局部被机器人或计算机取代。

自动驾驶汽车
建筑机器人
建筑工人
流水线工人
全自动工厂

那些需要想象力、创造力和灵感的职业，因为需要感情、直觉和综合能力，暂时专属于人类。因此，以下职业即便在遥远的将来恐怕还会存在。

医生和外科医生：如今，人工智能已经可以协助医生进行正确诊断，例如，医生通过计算机程序梳理数以千计的病人档案，找到统计学上最成功的疗法。然而，在外科手术中，机器人想要取代人类还长路漫漫，它们可以协助外科医生，却不能独自切除阑尾。

数学家、工程师、技术员、程序员：技术职业未来将更抢手，因为必须有人来编程、建造和维护机器人。

精神科医生和治疗师：他们需要高度的同理心和同情心——这一点人工智能远不能及。

设计师、作家、艺术家、音乐家：虽然机器人已经可以画画、写作和制作音乐，但还远远达不到人类的水平。

机器人可承担危险职业

有时，机器人接管我们的工作，也是一件好事，因为有些职业非常危险，每年都会造成人员伤亡。这些职业包括伐木工、拆弹工、飞行员、矿工或水下焊工等。

大自然的帮手

有些机器人被用于保护自然环境。它们可以在偏远的、人类无法进入或危险的地方执行简单重复的任务，比如记录温度和降水，或收集废物。它们通过使用太阳能电池来获取能量。

恢复生态系统

过度施肥、森林火灾或森林砍伐已经破坏了地球上的许多生态系统。在无人机的帮助下，我们可以重新种植过度砍伐的地区，用灌木和草本植物重建休耕土地。这时可用无人机运输装有种子的容器，将其投放到所需地点。

对抗入侵物种

入侵物种会对很多生态系统构成威胁，它们无所顾忌、肆意蔓延，取代了本地的物种。

各国政府部门和环保组织要斥巨资对付它们。未来，机器人可以在这方面帮助人类，例如，捕捉入侵的狮子鱼，然后把它们送到餐馆。

处理石油泄漏

海中小型游泳机器人可以将泄漏的原油从海水中过滤出来。它们配备了一种舌头，用来舔舐石油，由此帮助减轻石油泄漏的影响。

收集数据

所谓的蜂群机器人可以部署在海上或陆地上，它们收集有关环境的数据。在珊瑚礁中，它们可能会测量已遭破坏的珊瑚的面积；在森林地区，它们可能会计算不同的树种及其数量。根据这些数据，研究人员可以决定采取何种措施保护珊瑚或森林。

医学中的机器人

达·芬奇手术机器人

今天，格鲁比在医院遇到一个非常特别的机器人，它叫“达·芬奇”，是根据举世闻名的天才达·芬奇的名字来命名的。这个机器人看起来酷似一个金属和塑料制成的巨大章鱼，它有四个手臂，上面连接着一个摄像头和各种抓手，用来在狭小的空间中为病人手术。

格鲁比得到允许，参加了培训课程。当然，被手术的不是真人，而是一块牛肉。牛肉躺在手术台上。鲍尔博士站在手术台旁，即将监督“手术”过程。他的同事拉格博士正坐在几米开外的一个操作室内。操作室是“达·芬奇”的控制中心。医生可以用两个操纵杆控制机器人的抓臂。鲍尔博士用手术刀在牛肉上切开了一个长口。“好，格鲁比，你可以试着缝合伤口，拉格博士会告诉你怎么操作。”

拉格博士移动操纵杆，两个抓手分别从桌上拿起针和线。“达·芬奇”用针刺穿组织，将线拉过去，它从与机械臂相连的摄像头中观察一切，并运用脚踏板，移动摄像机靠近或远离缝合器。

操作过程过半，拉格医生说：“格鲁比，现在你来试试。”格鲁比坐进操作室里。他通过窥视器看了看，吓了一跳，“牛肉看着好大！”“是的，没错，它被放大了 10 倍。”拉格博士解释。格鲁比试图通过操纵杆移动两个抓手，但他的手不能自控。突然，抓手抡了起来，击中了牛肉，牛肉越过鲍尔博士的头顶，砸到了墙上。“嗯，好险，”鲍尔博士平静地说，“差点儿被一块牛排打到脸。”

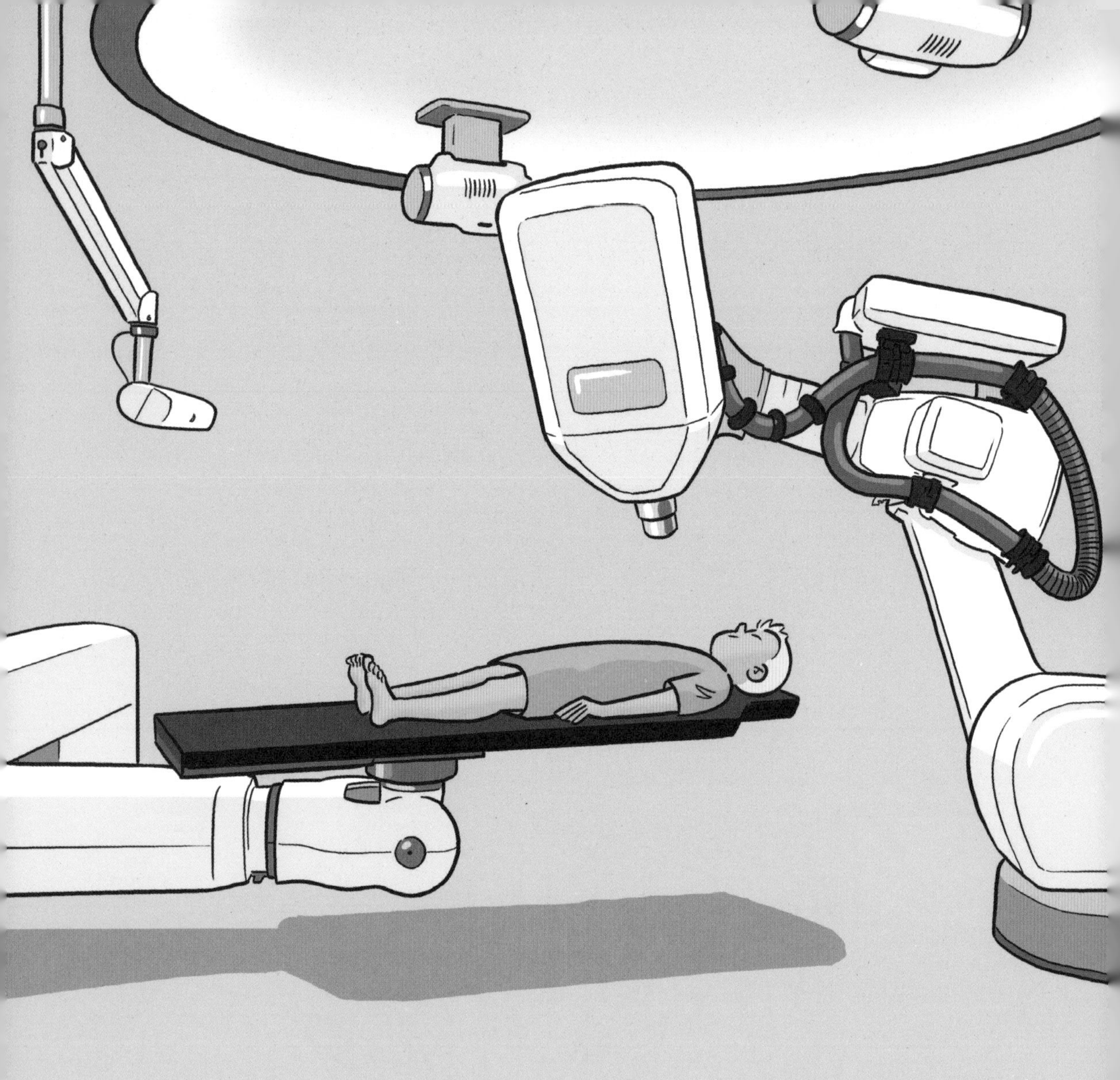

射波刀：用机械臂辐射治疗

机械臂不仅用于手术，还用于放射治疗。该疗法向癌症患者的肿瘤发射射线，通过照射消灭恶性组织。这个过程中，为尽可能地不伤害健康组织，辐射肿瘤须精确到毫米。这可不简单，即使患者只是呼吸，动了一下，肿瘤的位置也会发生稍许位移。

“射波刀”机器人能对此有所帮助。它主要由机械臂构成，不过抓手变成了照射源。它是一个管道，射线粒子在其中加速，随后射出。机械臂能对准肿瘤放射射线，误差不会超过 0.2 毫米。

当患者呼吸时，机械臂会简单地跟随呼吸运动。这意味着肿瘤总是精确地保持在光束的中间。射波刀甚至有一双“眼睛”，由两束 X 光构成。在照射中，它们不断透视患者，始终留意肿瘤的精确位置。要是患者动了一下，它们就会对肿瘤重新定位，并向机械臂传达信息，机械臂就会调整位置。

货物运输

在医院，机器人还被用于运送食物、药物等东西。比如“塔格”，它的前面是电子器件和传感器，后面有一个装载区。它的功能就像一辆小卡车，可以独立把食品推车、洗衣篮和药箱运送到目的地。医生在治疗室需要药物时，可以直接向药仓订。那里的工作人员会把药物放到塔格的装载区，然后输入目的地，塔格就会自动行驶。它用激光扫描仪和红外线、超声波传感器辅助定位。有了这些，它就能不断扫描周围环境。它的计算机芯片中存着整栋楼的地图，借此，它总是清楚自己在哪儿，要到哪儿去。借助无线网，它甚至能把电梯叫到自己的楼层，然后搭电梯去往别的楼层。

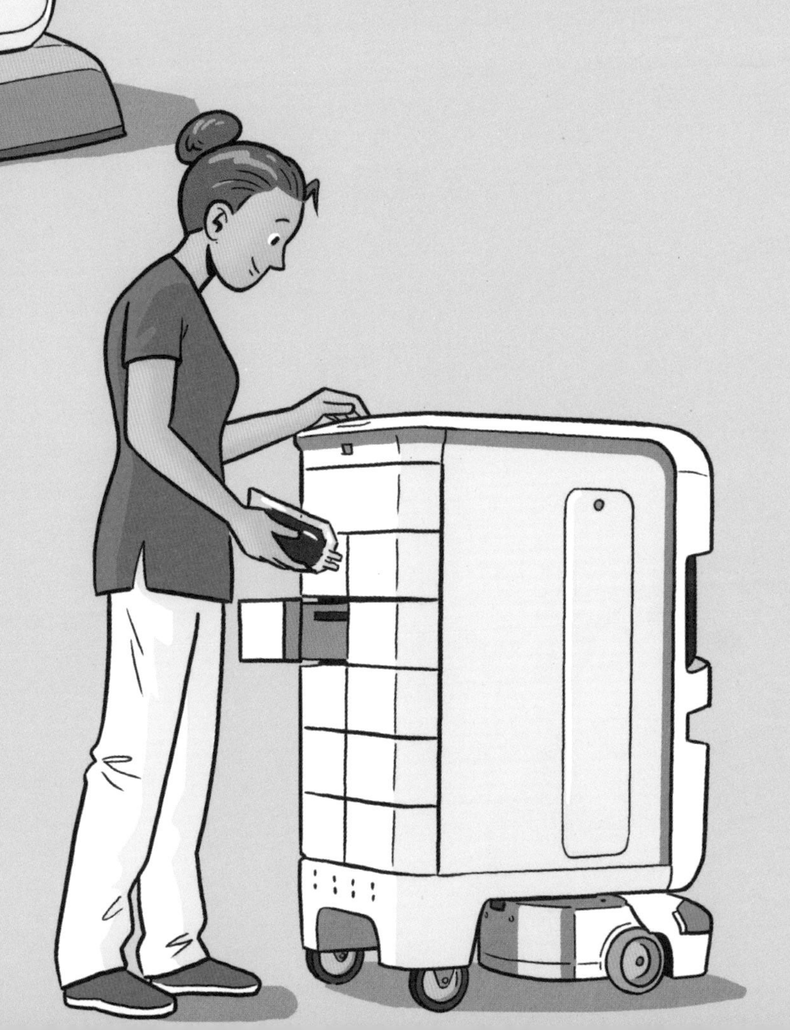

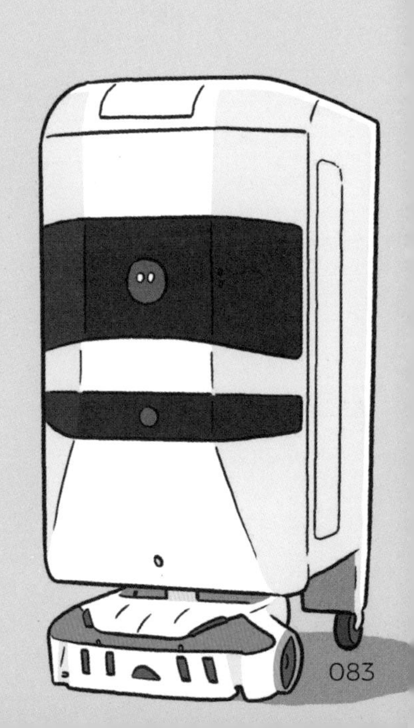

肌肉训练

在养老院也有机器人的用武之地。“利奥”就是其中之一。它由机械臂组成，借助齿轮自由活动，可以用于各种肌肉练习，比如强化肩、背和手臂的力量。

心灵慰藉

一些机器人能安慰人、哄人高兴，最有名的当属“帕罗”。它是一只毛茸茸的玩具海豹，通过发出温柔的声音，对抚摸做出反应。它还能抬起头、摆动尾鳍和眨眼睛。它的活动和声音让人们感觉像是抱着一只真的海豹。帕罗主要出现在养老院和精神病院，在那儿，它可以安抚感觉不适的患者和老人。

防打鼾床

打鼾并不是病，却可能导致睡眠不佳。打鼾会减少人体的氧气供应，致使人醒来时感觉疲劳。此外，很响的鼾声也会打扰到旁人的休息。

有一种机器人可以消除这一烦恼。它实际上是一张床，用麦克风当传感器。只要捕捉到鼾声，床就会改变形状——床头会抬起来，这样一来，就能改变打鼾者的咽喉位置，从而让他呼吸顺畅，打鼾就会停止了。过一会儿，床头就会重新降回原位。一旦鼾声再次响起，床头又再次抬起。

机器人治疗

格鲁比听说朋友的孩子——一个名叫尼克的 12 岁男孩——不幸骑自行车时摔倒，背部受伤。尼克随后被送到瑞士诺特维尔的偏瘫患者中心治疗。这家医院主治脊髓和脊柱损伤。格鲁比立刻去看望他。

“严重吗？”格鲁比关心地问。“不幸中的万幸，”尼克解释道，“脊髓只是擦伤，没有折断。也就是说，尽管很糟糕，但我的腿还可以动。就好比我站在花园的水管上，管子虽然没有破，但是只有微弱的水量能通过。”格鲁比谨慎地问：“这种情况能治好吗？”——“我想可以。医生说，他会竭尽全力让我恢复走路。”

第一个月

尼克被安置在一张床上，这张床通过计算机控制的夹板移动患者的腿。此外，电流脉冲会刺激大腿的肌肉，大腿就像自己在活动，背部的神经从而习得如何移动。几天后，尼克就能再次控制他的腿了。但他走路还是很困难。

第二、第三个月

现在，尼克已经准备用上跑步机器人“洛克玛”了。它由跑步机、支撑装置和可移动腿部的支撑器构成。洛克玛承载着尼克的体重，辅助尼克活动双腿。借助洛克玛，尼克现在能在跑步机上走路了。他走得越好，机器人对他的支撑就越少。到了第三个月月末，尼克几乎能独立用腿支撑起身体了。

第四个月

现在，尼克准备开始最后一个复健环节——“外骨骼”。这是一种穿在身上的机器人，就像在尼克的腿外部再装上一套完整的骨骼、关节和肌肉。这样，尼克就能朝任何方向自由活动了。

一开始，每一步都得通过治疗师遥控外骨骼。也就是说，外骨骼先开动，然后尼克跟着它完成整个动作。治疗师能调节步幅的大小和速度。

慢慢地，尼克能独立迈出步子了。几周的复健后，他几乎恢复如初，并能回家了。万幸，尼克的脊髓只是轻伤。

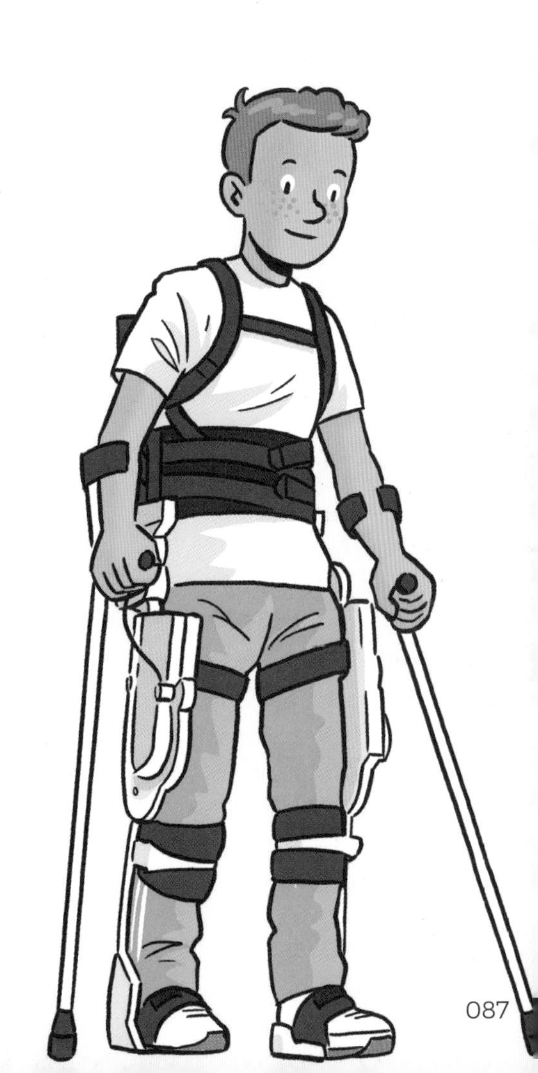

外骨骼

除了应用于医学和恢复治疗方面外，外骨骼还可应用于工业，比如汽车装配。装配工人在组装排气设备和车底盘时要长时间在头顶上方工作。也就是说，他们得把手举过头顶，甚至还得以这样的姿势举着装配部件，时间一长，可能会导致肌肉和骨骼损伤，更有甚者会无法继续工作。所以，许多汽车装配公司开始给员工配备外骨骼，它能支撑手臂肌肉，并为关节减负，由此，避免长时间劳作造成的身体损伤。

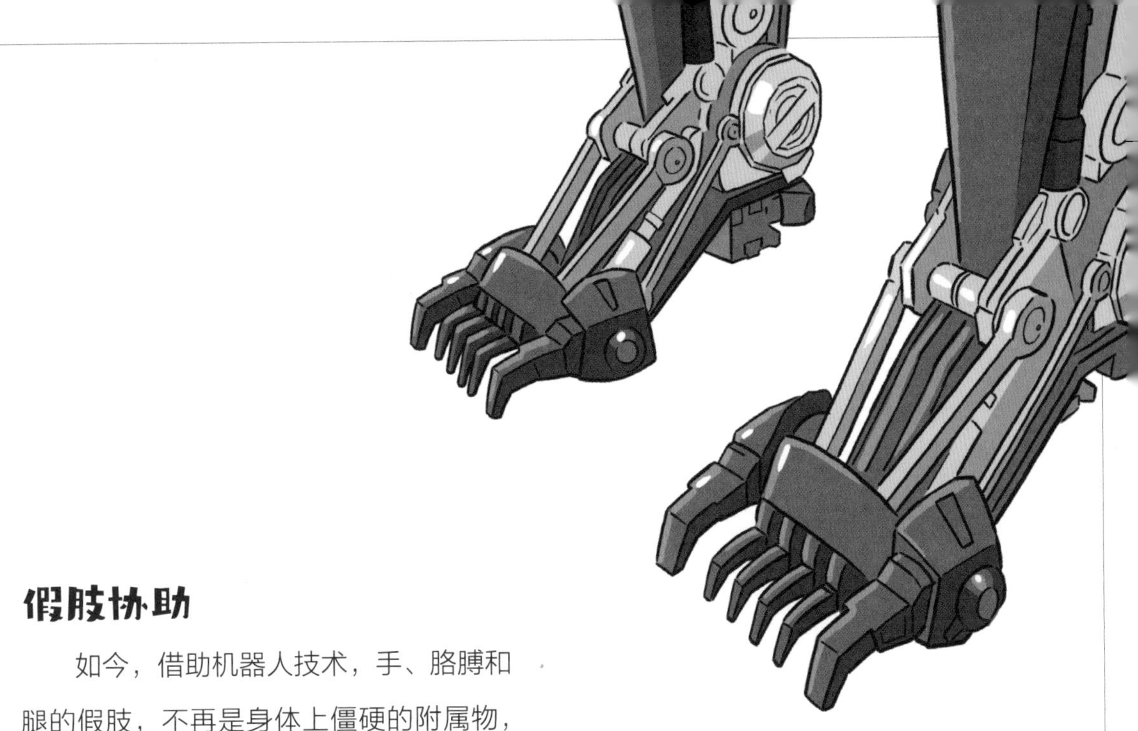

假肢协助

如今，借助机器人技术，手、胳膊和腿的假肢，不再是身体上僵硬的附属物，它们能够像真正的手、胳膊和腿一样活动。它们由计算机芯片操控，接收到大脑的神经信号，假肢手指就能正常弯曲。

全球人机体育大赛

对格鲁比来说，今天是个重要的日子，因为他被聘用为人机体育大赛上的助手了。人机体育大赛是一个为重度残障人士举办的运动会。他们有的失去了胳膊或者腿，有的不能走路，只能坐现代轮椅，或者安装假肢。在大赛中，他们需要借助这些辅助工具，完成障碍赛。这些轮椅和假肢，都局部配备了机器人技术。有了它们，参赛者能完成诸如开门、挂衣服或爬楼梯等动作。

瑞士队派出坐在轮椅上的弗洛里安等人参加竞速赛。在颠簸的比赛路途中，格鲁比负责引导弗洛里安不偏离赛道。数年前，弗洛里安骑摩托车时出了车祸。从那之后，

他的双腿就瘫痪了，手臂的活动也大受限制。他和他的机器人轮椅“进化者载德”一起参加大赛。他必须利用它爬上一段楼梯、打开门并绕过各种障碍。

大厅里有很多电视摄像人员，比赛将在世界各地现场直播。扩音器响起：“三、二、一！”的号令，随之是尖利的喇叭鸣响。弗洛里安向前推动操纵杆，轮椅出发了。首先他必须停在桌边，随后紧贴它完成一个回旋——完美完成，弗洛里安领先几秒。紧接着，他需要经过一段颠簸的道路，弗洛里安晃得厉害，幸好轮椅有减震器，他得以顺利通过。随后是陡峭的坡道，轮椅不停地向后倾斜，但弗洛里安坚定地加速前进。期间，格鲁比一直紧随其后，高度紧张，要是轮椅倾倒，格鲁比就会立马扶起。

坡顶有一扇紧闭的门，弗洛里安必须打开门，才能操纵他的轮椅通过。为此他使用了一个由操纵杆控制的机械臂。这个机械臂缓缓朝门边移动，它的抓手抓住了门把手，并向下按压……门开了。弗洛里安坐着轮椅通过，在关上身后的门之际，他听到身后传来“嗷呜！”一声惨叫，原来是格鲁比的尾巴被门夹住了。“没啥大碍。”格鲁比忍着疼痛，面带着微笑说。

下一个障碍更棘手：楼梯。弗洛里安的轮椅刚登上第一级台阶，就危险地向下倾斜，还好它成功了！现在到了第二级台阶，“他快翻倒了。”格鲁比这样想。这时，弗洛里安按下一个按钮，轮椅下面出现两条履带，轮椅顺着履带向下行驶，就像经过雪地似的，从楼梯上轧过去。接着下楼梯也用了这个办法。

到目前为止，一切顺利。可突然间，履带开始打滑。“哦不！”格鲁比大叫。他条件反射般地冲向轮椅，尝试抓住它。但他跑得太猛，一头栽到了地上。幸运的是，弗洛里安再次控制住了他的轮椅。

障碍赛还剩最后 5 米，所有参赛者要进行最后的竞速比赛。粉丝们齐声高呼：“弗洛里安！弗洛里安！”费洛里安向前推操纵杆，全速越过了终点线，以 5 厘米的优势取得了第一名！格鲁比兴奋地搂住了弗洛里安的脖子。

关于全球人机体育大赛

全球人机体育大赛每四年一届，由苏黎世联邦理工学院承办。这一比赛是由苏黎世联邦理工学院（ETH Zurich）教授罗伯特·雷纳尔创办的。大赛的目的是促进为残疾人服务的新兴科技发展，并使公众熟知。全球人机体育大赛为假肢、轮椅、外骨骼和脑机接口等技术提供了竞争平台。这项比赛旨在推动理念创新和解决方案，推进科技发展，同时促进公众去关爱身体残疾的群体。

数字化农业

格鲁比来到瑞士最现代化的农场，它位于极美的丘陵地带，有许多高大的水果树。乍一看，这个农场与其他农场没什么区别，奶牛正在草地上吃草，田地里玉米、小麦和蔬菜静静地生长。

莉娅接待了格鲁比，她 18 岁，利用暑假帮父母照料农场，将来想学电气工程学。“现在正好是喂食时间。我们可以从控制中心观察一下，”她说。

格鲁比不大明白。他随着莉娅进入了主楼的一个房间。墙上安装着许多显示屏。格鲁比看到了显示屏上农场不同区域的鸟瞰图。其中几个上面还有一些示意图。“这些到底是什么？”格鲁比问道。

“这里是控制中心，”莉娅自豪地答道，“这里可以看到整个农场。”她在一台计算机前坐下，并敲了敲键盘。现在，牛棚的景象出现在了显示屏上：奶牛都把头伸出饲料槽栅栏，等待着什么。

突然，一扇大门开了，一台小拖拉机大小的机器驶入棚内。机器从每头奶牛的头部前方无声地驶过，在它们的鼻子前放下一堆褐色的饲料。“这是完美的混合饲料，”莉娅说，“每头牛耳朵里都有一枚芯片。这台机器是一个喂食机器人。它会为每头牛精准地计算出谷物和草料的配比，混合后再倒出饲料。”

“你们怎么知道动物们吃了多少饲料？”格鲁比询问。“小意思。我们通过分析最终产品——牛奶——知道的，”莉娅解释。她按下几个按钮。屏幕上出现了几头奶牛，站在一种金属框架中。

“这是我们的挤奶机器人，”莉娅说，“奶牛想挤奶的时候会自己走进去。一个机械臂会伸到奶牛下面，帮它挤干净，接着挂上四个挤奶机杯。牛奶通过管道系统流入储奶罐内。”

“看，现在是罗莎在挤奶机器人里。”莉娅说。她调出了罗莎的档案资料。显示屏上出现了它的生日、父母姓名以及它现在所在的挤奶管道的信息。

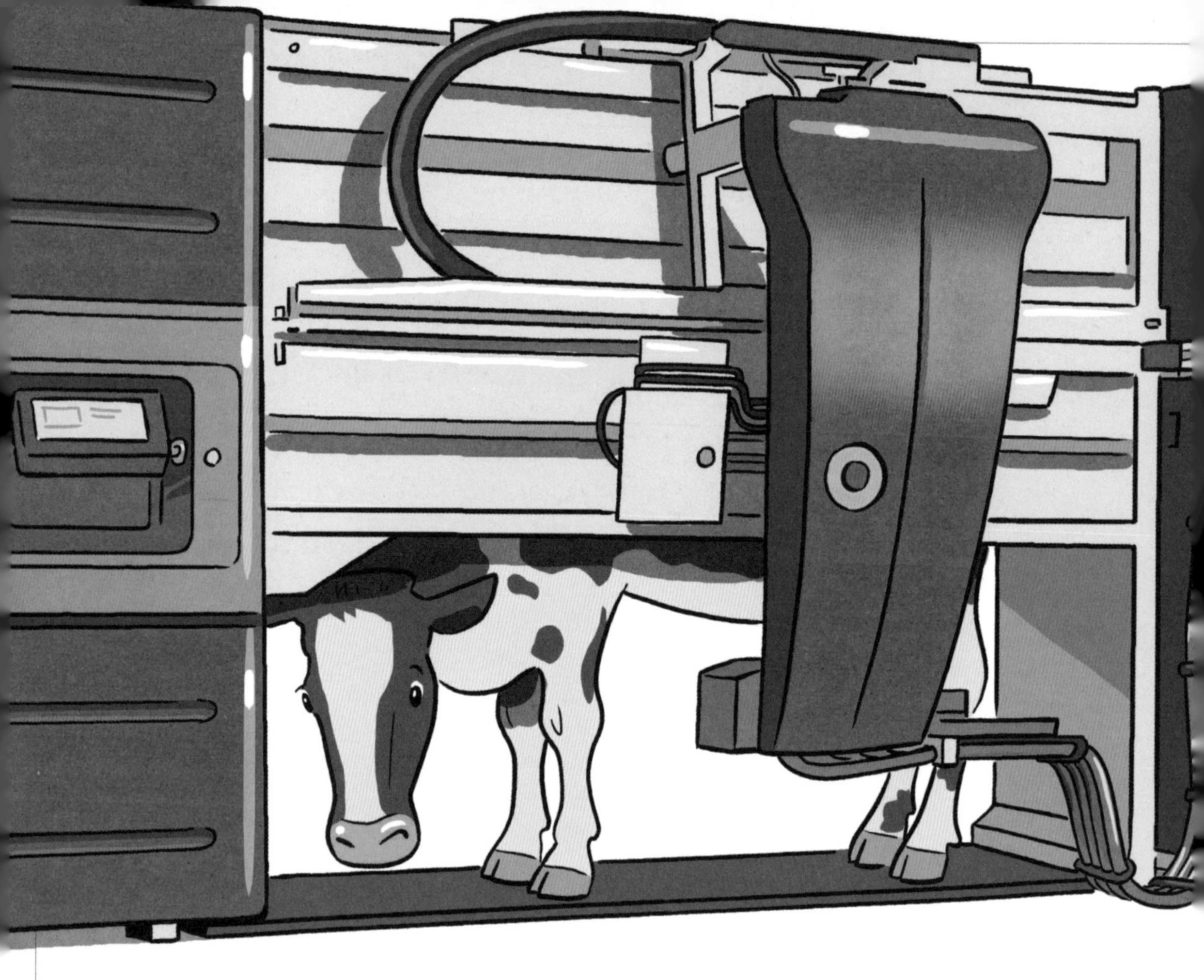

“牛奶流入储罐之前，还会经过一个传感器，它会分析牛奶的蛋白质含量，”莉娅说，“这样我们就能知道，这头奶牛是否获取了充足的饲料。”蛋白质数值旁亮起了一个黄色的灯。“罗莎应该多吃些谷物，它的奶水蛋白质含量不够。问题是，别的牛总偷吃罗莎的那份。”

意外指令

键盘上停着一只苍蝇。“啊哈，应该没有机器人能对付害虫吧？”格鲁比问着，并伸手朝苍蝇拍去。可惜动作太慢了，他的手只拍到了计算机键盘。显示屏上立即亮起警示灯和一个闪烁的红色昆虫标志。

“天哪，你刚刚通知了我们的田野机器人大军：生菜受蚜虫侵袭。它们今天本该在土豆田里拔草，现在它们正前往生菜田。我得撤销命令。”莉娅的手指敲击着按键。可是机器人们却没有折返回头。

“啊呀！你不知道怎么就激活了指令输入禁令。我们必须去田地里手动修改程序。”她说。两人很快跑到了生菜田，机器人已经全部就位：它们看起来像桌子，有着长长的“桌腿”和轮子，表面覆盖着太阳能电池。这些电池把太阳能转化成电能，因此，天气晴朗时，机器人们能一整天不用充电，昼夜工作。

机器人小心谨慎地在一排排的生菜中穿行，并用它们的摄像机扫描生菜，来寻找所谓的蚜虫。莉娅走到第一个机器人面前，机器人停住了，因为它的程序告诉它：不能撞到人类。莉娅给控制台输入了新的指令——目的地：土豆田；任务：拔除杂草。“嗯，这样应该能行。”她话音刚落，这个机器人立刻驶向了土豆田。格鲁比跟着它，心醉神迷地观察它如何用一对机械抓手拔出地上的杂草。

智能浇灌系统

突然，莉娅的裤兜里响起了警报声，是智能手机，它和控制中心联网，一旦情况不妙，就会报警。“哦！显然是玉米地里的浇灌系统堵塞了，我们得去检查一下。”她说。

到了玉米地里，莉娅挖开玉米秆之间的地面，直到一个黑色软管暴露出来。“水会流经这条软管，管道这边有一些小洞，水从这里流出来，直接抵达玉米根部。机器会按照科学比例混合水和肥料。这就是精密农业。”看着格鲁比疑惑的神情，莉娅自豪地解释。

在田地的另一端，莉娅又发现了一个地下的洞穴。“狐狸常常把水管误认为是老鼠，然后咬坏它，真是烦人。”说着，莉娅开始修理管道。

“控制中心怎么知道水管里没水了呢？”格鲁比很好奇。“玉米就差亲口说自己快渴死了。”莉娅回答，格鲁比听得云里雾里。莉娅指了指头顶上方说：“看到那个小圆点了吗？它是一架配备有红外热像仪的无人机，植物长得越好，叶子就会在热像仪上呈现出越多的红外线。无人机会持续上传数据至控制中心。如果植物太干燥，对其生长不利，我就会在智能手机上收到信号。”她说。

“我能用手机操纵无人机吗？”格鲁比问。“当然。”莉娅回答，并把手机递给格鲁比。他操纵无人机在广阔的田野上转了一圈，景象五颜六色，因为它们都是红外图像。

突然，格鲁比发现了一大块亮点。“这是联合收割机，爸爸刚刚开着它收割小麦。联合收割机在阳光下升温，所以热像图上看起来就比周围亮很多。”莉娅解释。“但联合收割机几米外，还有一块亮点。”格鲁比提醒。莉娅看了看屏幕说：“哦不！有一只小鹿！我要赶快打电话给爸爸，让他停下。”

莉娅的爸爸及时收到警告，小鹿得救了。格鲁比和莉娅把小鹿带到森林边上，希望它的妈妈能早点儿找到它。“得有个无人机，可以提前报告在农场逗留的动物的位置。”格鲁比若有所思地说。“嘿，超棒的主意！”莉娅高呼，“就这么办！”

农业机器人的利与弊

减少杀虫剂和除草剂的使用量，因为机器人可以逐个对植物喷洒农药

降低用水量

减少化肥用量

更好地适应气候变化带来的影响

对环境的破坏（水污染和昆虫灭绝）较小

收成更好

农民有更多的空闲时间

传统农业会走向消亡

农业活动更加技术化

技术还要很久才能完全成熟

人类和动物再无紧密联系。如此一来，动物会成为机械流水线上的一个环节

农业更加依赖技术，从而变得更加脆弱，尤其是在突然停电时。

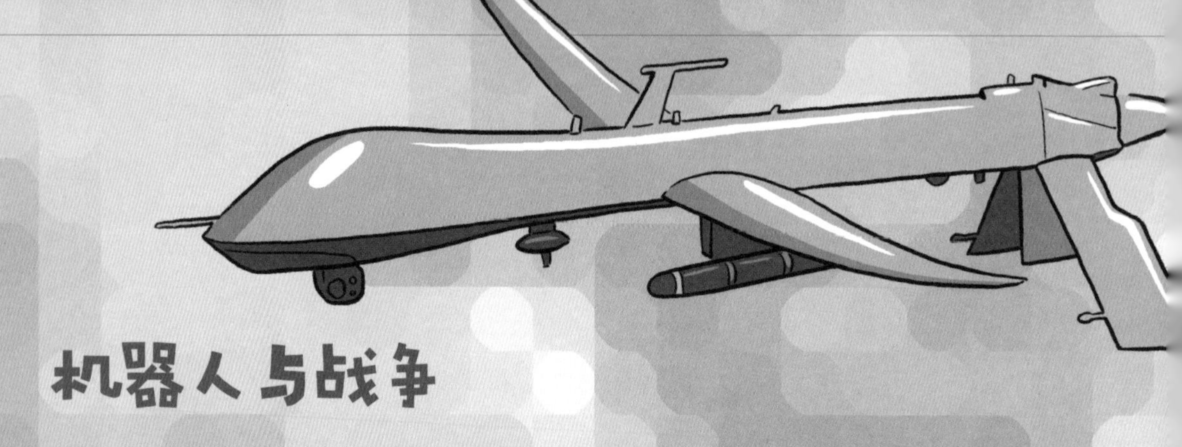

机器人与战争

在现代战争进程中，机器人和机器人技术的应用也与日俱增。有些无人机，借助远程控制，可以投掷炸弹，并覆盖很远的距离。尽管如此，无人机的控制仍然掌握在人类手中。

不过，自动机器人的发展方兴未艾：它能完全自主地飞入危险地带杀人。不久的将来，在战争或是其他武装冲突中，机器人可能会自行决定杀伤人类。

自动机器人的发展极具争议性。如今的科技水平并不能保证机器人总能准确无误地分辨敌友。对机器人来说，要区分全副武装的士兵和无辜百姓一样困难。

问题是，能否允许编辑可以伤害人类的机器程序。许多研究者认为不应允许。机器必须始终为人服务、为人效劳。

运输机器人“机械狗”

这个四条腿的机器人，设计初衷是用来背负士兵的行囊。它对于远离基地的长距离行军非常重要。要是自己背负全部行李，士兵很快会疲劳，只能缓慢前进。有运输机器人助力，他们就可以更快、更远地深入敌区。进入敌区后，运输机器人就必须停止工作，因为汽油驱动的马达声音太响了。

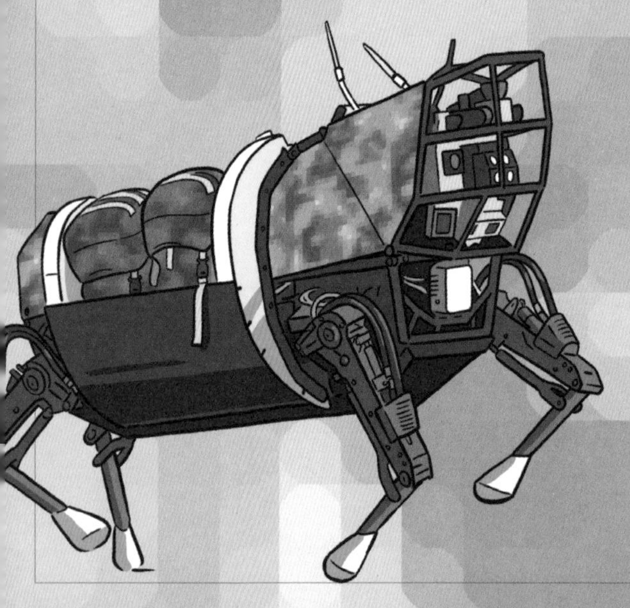

武装无人机“捕食者”

自 20 世纪 90 年代起，美国空军就投入使用了“捕食者”——是一架配备了制导导弹的武装无人机，负责操纵它的驾驶舱则位于地面。

侦察无人机“全球鹰”

“全球鹰”用于侦察，侦察时能攀升至 20,000 米的高空，飞掠一个区域，执行拍照和摄影的任务。这样一来，即使不派遣士兵，也能侦测到敌区的情况。这种无人机会根据预先编程好的路线持续不断地自动飞行。

士兵战术外骨骼

外骨骼能够在士兵负重远行时起到帮助，对人类身体运动有自适应性。士兵们甚至能穿着它奔跑。外骨骼技术非常复杂，目前还达不到理想的速度。因此，由美军研发的外骨骼，首先被当作康复机器人在医院使用，效果很好，因为病人们的行动本就缓慢得多。

机器人相关的道德伦理问题

伦理学关心一个问题，哪种行为善，哪种行为恶。例如，杀人或把别人推下楼梯是不好的。所谓的“道德准则”不仅适用于人类，也适用于机器人，因为智能机器的行动可能会伤害或威胁到人类，其中一个例子就是自动驾驶汽车。

如果某人突然横穿马路，车辆来不及刹车，它就会立即选择转向，必要时即使自己受损，也会向右驶进草丛里。换句话说，汽车宁可自己受损，也不会选择撞伤人。为此，必须将适当的行为编程到汽车的控制程序中。

机器人不能在活动中伤害到人类和动物，这是最重要的原则之一。这就对战斗机器人的制造者们提出了一个难题：人们能制造在战争中杀伤人类的机器吗？

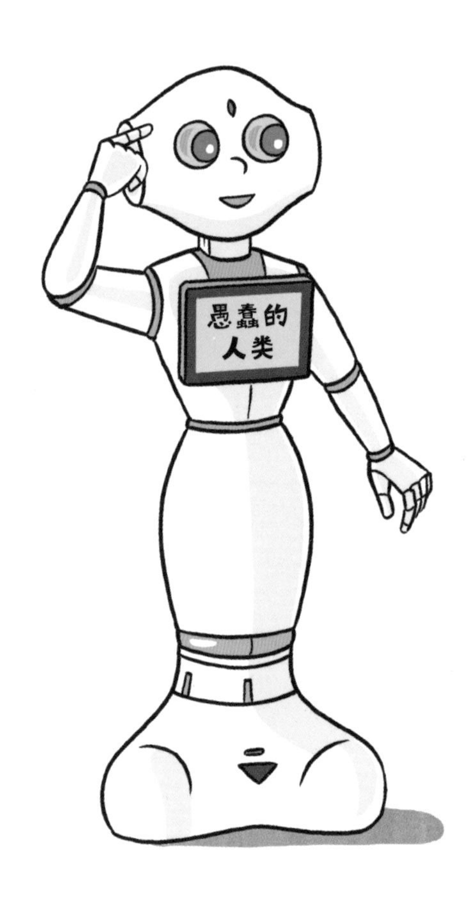

在汽车工厂里负责装配的机械臂，有的还要和人类携手工作，也要防止它们对人类造成任何伤害。机械臂非常有力，能把人碾碎。要是机械臂对人构成威胁，就需要采取一些预防措施。比如，机械臂上应安装能够让它感知到有人在附近的传感器，以及一些能让它及时停下来的驱动程序。

更重要的一个原则是可追溯性，即机器人或是机器程序做出的决定，对人类来说，必须是可以理解并且合乎逻辑的。因此机器人的程序应该是明确可见的，人们也把这一原则称为“透明性”，或“一眼就能看清”，也就是一种明确性。但是现代计算机程序的开发者们已经做过了头，因为如今的算法是如此复杂，以至于它们不再被人理解，无法“透明”地呈现出来。一个算法最后会如何起作用，就连程序员自己也没法保证。

此外，大量关于我们的数据现在被互联网和社交媒体上的程序收集、传递和分析，最后，程序会判断，是否需要给你寄送园艺用铲的广告手册。如今，门外汉已经无法明确地理解程序设计了。

但伦理也关乎机器人的权利问题。如果一个高智能机器人突然有了痛感怎么办？人类要怎么和它们打交道？人有权强迫这样的高智能机器人工作吗？而且它们是否还像奴隶一样免费劳动？或者，机器人也像我们人类一样需要权利吗？

艾萨克·阿西莫夫的机器人三定律

艾萨克·阿西莫夫是 20 世纪著名的俄罗斯犹太裔美国科幻小说作家。他写过的作品中，有许多关于机器人的故事。1942 年他写成的短篇小说《转圈圈》(*Runaround*)就是其中之一。在这部作品里，阿西莫夫提出了以下三条机器人必须遵守的定律：

——机器人不得伤害人类，或在人类受到伤害时袖手旁观。

——机器人必须服从人类赋予的指令，除非这一指令违背第一条定律。

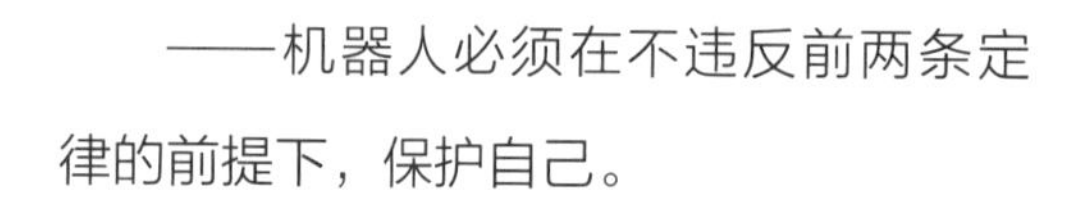

——机器人必须在不违反前两条定律的前提下，保护自己。

这三条定律，迄今依然是机器人研发中的基本方针。

社会的脆弱性

数字化进程的推进，使得我们的社会更加脆弱。在社会生活中，某些环节的崩溃或停转的风险越来越大。在几十年前的公司里，办公用品还是打字机、办公纸和资料卡片。如果突然停电了，会计工作仍然可以进行。最糟糕的情况，无非是在蜡烛或者手电筒的照明下工作。如今却完全不同了，几乎所有的办公活动都在计算机上完成，一旦停电，计算机就没法工作了。因为如今许多的机器设备都需要用电，所以，一旦发生大规模停电，社会就几近停摆：手机收不到信号；X 光机、信号灯和加油站都无法正常工作。要是停电还波及了服务器，它的服务也就不能使用了，这意味着人们也没法调取在服务器上储存的个人数据和照片了。

而且，黑客攻击的威胁比一场停电要严重多了。不法分子可能利用病毒使计算机瘫痪，然后以此勒索保护费，拿到钱后他们再把病毒清除掉。不幸的是，病毒如今十分普遍。这对受害的公司来说，意味着一大笔经济损失。因为一方面，只要病毒还在，员工就无法正常工作；另一方面，公司还得支付巨额的保护费。

社会脆弱的原因还远不止如此，窥探和控制别人的隐私在如今越来越容易。你储存的个人数据越多，就越容易受到影响。假如保险公司能够窥探到私密信息，它就能针对那些生活不健康的，或有危险的业余爱好的人提高保险费。

科技术语

C-3PO

C-3PO 曾译作“斯瑞皮欧”，是系列科幻电源《星球大战》中的角色，是礼仪机器人。

超级计算机

超级计算机是一台每秒能进行无数次运算的计算机。超级计算机现在比传统家用计算机快 1000 万倍。计算能力仍在持续提高。最快的超级计算机的速度每三年会增加 10 倍。

除草剂

除草剂是一种化学制剂，用来对付农场和私家花园中的杂草，所以是植物的毒药。大多除草剂喷洒在叶子表面，植物就会因此枯萎。不过要想消灭杂草，这确实是一条捷径。然而，除草剂可能会渗透到土壤、地下水直至小溪和河流中，从而危害各种动植物，甚至污染我们的饮用水。

打孔卡

打孔卡是一项用于存储数据和程序的古老储存器。基本上，它是计算机芯片的前身。打孔卡片由高质量的纸板组成，上面打有孔。这些孔代表着数字或字母。存储信息，如银行账户信息、机械织机的指令，以及计算机的程序就通过打孔卡被储存下来。

导弹

导弹本质上是一种炸弹，然而，它不是简单地从飞机上掉落，而是有一个像小飞机一样的转向装置，可在飞行中锁定目标。一些制导导弹能自动做到。其他导弹则由飞机驾驶员引导接近目标。导弹比常规炸弹更准确。导弹也可以从很远的地方发射。这意味着人们无须亲自进入危险区域。

道德

道德代表着一个社会的价值观、规范和美德。例如，人不能偷窃或伤害他人。同样，它意味着我们打招呼时要握手，而不是在脸上打耳光。这些道德原则在每一种文化中可能也会有所不同。

电气工程

电气工程属于工程科学，涉及电力驱动装置和机器的设计、建造。电气工程尤其致力于研究电路，它们是绝大多数电气设备的基础。

SMS

SMS（“短信息服务”的缩写）是指通过移动电话发送的文本信息，限 160 字。长信息现在会被移动电话自动分解成若干条短信，并发送给收件人。然而如今的微信等应用程序大多能发送文本信息，且对字数没有限制，也可以发送图片或视频。

服务器

服务器是有很多储存空间的大型计算机。除网页之外，照片、音乐、书籍、电影或地址等数据也放在存储器上。服务器通过电话线相互连接。这样的网络就是互联网。

（高）放射性

某些物质，例如金属铀，会放射细小的微粒。我们称之为放射性辐射。这些微粒非常微小，会钻进我们的身体。如果身体里有了太多这种微粒，那就意味着辐射有高放射性，会伤害人体细胞，使之衰亡。

GPS/GPS 信号

GPS 是 英 文“global positioning system”的缩写。德语中叫作“全球定位系统”。GPS 系统涉及多个围绕地球公转的人造卫星，依靠它们精确定位我们在陆地和海洋上的位置。为此，我们需要一个接收器，接收卫星的 GPS 信号。如今这种设备大多是手机。

海啸

海啸是一种巨大波浪，可达到 100 多米高。如果击中陆地，可以淹没海岸线的大片地区，并摧毁房屋、车辆、发电站和其路径上的任何其他东西。海啸通常由海底地震引起。然而，当一块岩石落入湖中时，海啸也可能发生在瑞士的湖泊中。

机器人罗比

机器人罗比是一个虚构人物，也是科幻小说的标志，罗比首次出现在 1956 年的电影《禁忌星球》中。

机械学

机械学是关于力和运动的科学。机械学涉及这样的问题：一个部件必须有多强，以便它在机器中不会立即断裂？机械学在建造机器人时是非常重要的。假如部件机械强度不够，机器人一开机就会散架。

挤奶机杯

自动挤奶机中，所谓的挤奶机杯被放置在奶牛的乳头上。这些挤奶机杯是由橡胶制成的，可产生负压，这样乳汁就会从乳头中吸出来。

科幻小说作者

科幻小说就是关于未来科学的故事。科幻小说作者常常混合真实科学的要素与自由虚构的未来想象。

列奥纳多·达·芬奇

达·芬奇是人类历史上最伟大的多面手之一。他涉猎了各种主题，如生物学、解剖学、建筑学、军事防御系统和绘画。他最著名的美术作品是《蒙娜丽莎》。

脑机接口

脑机接口是人脑和计算机或其他电子设备之间建立的直接的交流和控制通道。通过这种通道，人就可以直接通过大脑来表达想法或操纵设备，而不需要语言或动作。

偏瘫患者

偏瘫患者的脊髓受损。脊髓是大脑用来控制身体肌肉的神经束。偏瘫患者通常无法行走，因为伤口阻断了大脑和腿之间的信号。如果受伤的是颈部，他们的手臂也不能移动。这时他们被称为四肢瘫痪者。

歧视

歧视，是指一个人，因为他的肤色、外表、社会地位或性别与周围其他人相比，被恶劣对待。例如，一个孩子因为肤色不同，在集体活动中被他的同学拒之门外。

R2-D2

R2-D2是电影《星球大战》中一个虚构的机器人角色。迄今为止，11部《星球大战》电影中，10部都有它出场。

千万富翁

这是对非常富有的人的称呼。一个百万富翁至少拥有100万元的财富。千万富翁甚至拥有几百万元的财富。

热成像仪（红外线摄像机）

热成像仪类似于摄像机，它只感知热辐射而非可见光。热辐射也被称为红外光，因为热也是光的一种形式。但我们无法用肉眼看到，因为它的波长对我们眼睛的视觉细胞来说太长了。然而，当我们接近火或烤箱时，我们可以用皮肤感觉到它。热成像仪将长波红外光转换为图像。温暖的东西在热成像仪中显得明亮，寒冷的东西则显得黑暗。

人权

人权是每个人都有的权利，没有人可以剥夺。诸如肤色、宗教、金钱，或某人是好公民还是罪犯，这些并不影响人权。例如，每个人都有生命、教育和安全的权利。

入侵物种

动物、植物或细菌被我们人类从一个大陆携带或运输到另一个大陆。在新大陆，入侵物种取代本地动植物，损害建筑物或道路，或威胁我们的健康。入侵物种的例子有桂樱、豚草、亚洲瓢虫、山羊或家猫。

杀虫剂

杀虫剂是一种化学品，我们将其喷洒到农作物如莴苣、茴香或玉米上，用以杀死蚜虫、毛虫或甲虫等害虫。过度使用杀虫剂会伤害蜜蜂等昆虫。此外，杀虫剂还会进入土壤、地下水或溪流，伤害更多的野生动物和人类。

社交网络

社交网络指用户之间可以相互联系的应用程序，主要分享的是文本、图片或视频。社交网络的一个特点是：用户可以对帖子进行评论并转发。目前，大型的社交网络有微博、微信、QQ 和脸书等。

生态系统

动物、植物或细菌居于其中的周遭环境称为生态系统。水蚤在一滴水中游来游去，生态系统就可能是这样的一颗水滴，但也可以是一个拥有数千个不同物种的珊瑚礁。

算法

一般来说，算法是一项行动指令。例如，它可能是一份菜谱，用于说明如何做出巧克力蛋糕。计算机程序中也有算法。以交通信号灯为例，算法定义了红灯、黄灯或绿灯亮起的顺序和时间。

条形码

所有商品上都有条形码，如食品、体育用品或玩具。它是一连串宽度不同的平行竖条。竖条代表数字。计算机可以读取条形码并将其翻译成数字。比如说在结账的时候会用到它。

统计学

统计学是数学的分支。研究人员想要收集材料并说明材料时，就会用到统计学。收集数据往往很耗时间。研究人员通过电话调查、信件或在街上采访路人等方式来完成这项工作，或者他们使用计算机程序来收集数据。

图示

图示是简单的图片或符号，它代表一个词、命令或行为指令。例如，一个红十字意味着“急救”，它被用来指示学校建筑或游泳池中急救箱的位置。食指放在嘴前意味着“安静！”我们有时会在学校入口处，甚至在火车上发现图示。

推送信息

推送信息可以在手机和计算机的许多应用程序上被激活。这些是自动出现在屏幕上的短信息，通知你关于该应用程序的消息。天气应用程序的推送信息可以提醒你注意天气警告，如风暴或冰雹。

外骨骼

外骨骼指的是外部骨架。在机器人学中，它指的是支持人体运动的机器人套装。有了它们，人们就可以在事故发生后重新学会走路了。

X 光

X 光像可见光一样，就是电磁辐射。唯一的区别是，X 光的能量要大得多。它还能穿透人体。在 X 光的帮助下，我们可以查看腿的内部，看骨头是否断裂。然而，过多的 X 光是危险的，因为它们会损害我们的细胞。

协作的（不协作的）

这里指的是机器人（通常是机械臂）是否能在人类附近工作。传统机械臂是不协作的。也就是说，没有人能靠近它们，因为它们通常非常强壮，可能严重伤害人类。另外，协作型机械臂比较弱，也配备了传感器。它们检测到人类挡住了去路时，就会立即停止手臂动作。这样，机械臂能够与人类携手合作，例如一起分拣部件。

液压系统

在工程学中，液压系统是指通过流体的方式进行的动力传输。挖掘机的手臂就是典型的例子。在其两侧有长长的圆筒。每个圆筒上都有活塞。将油压入气缸，活塞就可以延长和缩回，以移动挖掘机的手臂。

原子钟

原子钟是世界上最精确的钟。原子钟 2000 万年只误差 1 秒。高精度的缘由是，它的节拍器不像钟摆那样是来回震荡的摆锤，而是摆动原子。原子来回运动比钟摆更有规律，所以原子钟才会这么精确。

坐标

坐标用来精确指示一个物体在地球上的位置。坐标系有多种。瑞士的坐标系在瑞士国家地图的边缘用数字标注出来，包括地图的水平面和垂直面。